宝宝喂养7堂课

告别焦虑从食育开始

北京和睦

刘

化学工业出版社
·北京·

图书在版编目（CIP）数据

宝宝喂养7堂课：告别焦虑从食育开始 / 刘遂谦著.
—北京：化学工业出版社，2019.3（2019.5重印）
ISBN 978-7-122-33911-9

Ⅰ.①宝… Ⅱ.①刘… Ⅲ.①婴幼儿-哺育-基本知识 Ⅳ.①TS976.31

中国版本图书馆CIP数据核字（2019）第029712号

责任编辑：马冰初　　　　　　　文字编辑：李锦侠
责任校对：边　涛　　　　　　　装帧设计：子鹏语衣

出版发行：化学工业出版社（北京市东城区青年湖南街13号 邮政编码100011）
印　　装：天津图文方嘉印刷有限公司
710mm×1000mm 1/16　印张15½　字数400千字　2019年5月北京第1版第2次印刷

购书咨询：010-64518888　　售后服务：010-64518899
网　　址：http://www.cip.com.cn
凡购买本书，如有缺损质量问题，本社销售中心负责调换。

定　价：68.00元　　　　　　　　　　　　　　版权所有　违者必究

营养是健康的重要物质基础。生命早期 1000 天的营养基础及婴儿出生后的喂养方式，将陪伴一个人终身，深刻影响的，不仅仅是营养状况，还有健康结局和生命质量。这也是《国民营养计划（2017—2030）》六项重大行动中，将"生命早期 1000 天营养健康行动，提高孕产妇、婴幼儿的营养健康水平"列为第一大行动的原因。

以母乳喂养为例，我们大力倡导母乳喂养至少满 6 个月，不仅因为母乳就营养成分而言是最适合婴儿生长的食物，还因为母乳在增强免疫力、促进智力发育、减少婴儿猝死综合征的发生、降低儿童及成年后超重 / 肥胖和糖尿病的患病率、降低过敏性疾病发生风险、降低母亲自身乳腺癌及卵巢癌的发生风险等方面，都具有积极意义。

再比如，来自家庭成员，特别是母亲的饮食习惯的表率作用，会时刻影响一个孩子饮食喜好的形成，并进一步关系到这个孩子进入儿童和青少年时期，乃至成人期的营养和健康。事实上，很多慢性病（比如高血压）的患病风险提高，就是从幼儿时期开始埋下了隐患。高油高盐、大鱼大肉的饮食习惯，常常跟家里掌勺人的烹调方式密切相关。中国人钠盐摄入量普遍超标，如果从幼儿和儿童时期就"口重"，则进入成人期后出现高血压问题的概率就会比常人高出很多。

由此可见，做好母婴营养的科普宣传工作，是一件有特殊意义和价值的事。

很高兴能够为遂谦的书写推荐序，欣喜于有如此以循证为基础的科普读物的出现。在我看来，这本书最大的特点，也是优点，在于她用通俗易懂的语言把循证的母婴营养和饮食教育知识讲给父母听，用不掺水分的趣味干货帮助更多的家庭远离民间误区或已经落后的传统观念。这里既有教科书里的知识点，又有文献和指南中的前沿总结，同时结合了作者大量的临床经验，因而有别于常见的养育类书籍，是难得的真正立足于营养谈喂养且出自专业营养人士之手的专业科普书。

如何用科学武装下一代的身体、用正确的饮食营养观打造新生代的长期健康，这本书给父母们提供了很实用的专业参考意见和解决方向。"营养"到底是什么？哪些该吃？哪些不该吃？流行的和传统的就一定是对的吗？研究好食谱就等于营养均衡了吗？父母在孩子饮食习惯塑造过程中怎样做才不会矫枉过正？怎样评估孩子的生长发育才是尊重个体特点？读完这本书，相信很多父母会恍然大悟。

认识遂谦，还是 2006 年 3 月。那时候，她刚刚从澳大利亚求学归来，为了能够更好地"中西接壤"，紧接着她在协和医院营养科进修，熟悉中国医院临床营养科室的岗位职能、工作流程、科室协作，以及中国患者的营养需求和诊治特色。她是我接触过的海外注册营养师中首批回国奋斗的人。当时，印象最深的是她的谦虚、勤奋和认真，像个依然在校攻读学业的学生，没有任何骄纵和张扬。

12 年过去了，难得的是，她的谦虚、勤奋和认真一如当年。

最后，祝天下的父母们都能成为孩子最好的养者与恩师，愿小朋友们都能健康成长为祖国的栋梁之材。同时，希望每一位读者都能体会到作者的良苦用心，更愿作者遂谦可以在科普之路上浇灌出更美丽的花朵，结出更丰硕的果实。

北京协和医院临床营养科教授　于康
2018 年 8 月于北京

感谢这样风趣幽默的工具书。

认识遂谦是因为工作的缘故，当时我就觉得，这个营养师怎么这么特别，很会说"人话"，再晦涩难懂的营养学知识，经她的口里一讲，就好像特别风趣易懂。平时觉得专家都无比高冷，而遂谦却是这样的热情、善良，哪怕只是闲聊，她都非常愿意将她所知道的一切全盘告知。后来关注了她的微信公众号，每篇文章都写得十分用心，内容更是干货满满。像遂谦这样的营养师，是每个家庭都需要的"朋友"。

作为典型的 80 后父母，我可以感受到，焦虑好像贯穿于很多人的育儿体验中。从宝宝出生开始，我们就一心想在能力范围之内给他最好的一切，从衣食住行到教育培养，方方面面都希望做到完美。然而这样的心态也让我们的育儿生活凭添了一份紧张，比如说：

辅食什么时候添加？医学书上说的是最早不早于 4 个月，最晚不晚于 6 个月，所以是 4 个月还是 6 个月？差了两个月呢！根据我家宝宝的实际情况，到底要在第几个月开始添加辅食？

邻居家的孩子比咱们家的还小几个月，长得竟然比咱们家的孩子还要高！怎么回事？是不是咱们的孩子营养没跟上？

老人说辅食不放盐没味道，吃了身上没力气，但我看书上说的是：1岁以内绝对不能加盐！到底怎么做才好？

孩子要不要补钙？怎么连社区医院的医生都叫我们给孩子补钙了？谁说了算？

所谓尽信书不如无书，在这个信息时代，我们有太多的机会可以了解到与国际接轨的最新的育儿经验，但每个个体的具体情况千差万别，家长们往往到了具体的执行层面，还是有点犯怵，生怕自己没有完全依照"正确答案"喂养孩子，错过了孩子生长发育的黄金时期。

所幸，有遂谦这样新潮的、经验丰富的营养师出现，用朋友般的促膝长谈把最权威的营养学知识"掰碎了，喂给你"，让你很容易就能把这本书的内容看进去。这本书里金句频出，它不仅是一本关于育儿营养学方面的专业工具书，更是一本关于生活态度的"鸡汤"书，很喜欢她的那句话——适度放手，也是给自己自由。

很荣幸为遂谦的书作序，我也相信只有足够幸运的父母，才能阅读到这本书。有了正确的营养学知识打底，调整心态，才能真正自信地享受育儿过程。毕竟这段时光十分短暂，并且非常珍贵。

作家，知名自媒体

2018年9月

前　言

人生充满了各种意外和可能，有些是惊吓，有些是惊喜，但无论是哪一种，最终都将引领你成为更丰富的自己。这种丰富，在我看来，并不意味着你人生价值的添砖加瓦，而是经由这些经历，你知道生命中不只有草木，还有山川，不只有天空，还有海洋。

然而，在经历这些之前，你可能做梦都不曾想到你会"卷入"其中，然后"深入"其中，直至"融入"其中。

我从没有想过自己有一天会动笔写书，就如我从未预料到我会致力于母婴营养。

当初学习营养学的时候，我曾经坚定未来择业不选儿科，毕竟，仅是各品牌、各阶段的配方奶粉就足以让我头晕眼花，就更不要说这些只会呱呱发声的小家伙日新月异的变化和疾病状况的特殊性。

然而，命运偷偷地给我挖了一个坑，并在里面藏了一个大礼包——求学回国后，我竟然机缘巧合地一步踏入了儿科，"成功"跳进了当初内心中最逃避的领域，一待就是多年。

感谢命运为我准备的礼物，事实证明，它是"完美"的！

在一层层打开它的过程中，我从一个青涩无畏的小营养师，逐渐成长为有一定经验且深怀敬畏心和同理心的医务工作者。在与一个又一个家庭的接触过程中，在帮助一个又一个小生命与环境和疾病做抗争的过程中，我看到了生命的脆弱，更看到了生命的顽强与可贵。很多时候，我会感动于新生命对这个世界的选择，感动于他们从第一次接触这个未知世界，到可以直立奔跑着拥抱春风秋雨夏阳冬雪——那些在磕磕碰碰中经由体验学习得以成长和成熟的勇敢和美丽。

也正是在这个过程中，我深刻体会到了生命早期1000天的重要性——早期发育是个立体的发育过程，是一个需要从长度、宽度、广度、深度多维度去思考、观察、塑造、修葺的过程。从受精卵的形成到宝宝满24个月，看上去弹指一挥间的三年，其实是一个人类生命体终生健康的关键奠基期。这其中，营养之于生命的意义，与我在学生时代的理解是差异巨大的：营养，不只是一箪食一瓢饮，它是贯穿连接生理代谢、心智发育、性格形成、习惯建立和疾病隐患的主线。而母婴营养，也绝不局限于奶类喂养与辅食选择，它是早期教育不可分割、紧密交织的一部分。早期喂养和饮食教育的框架搭建与心理引导，之于整个人生，都是意义重大、影响深刻的。

如果把孩子未来的身心健康比喻成一栋高楼，生命早期1000天，就是给高楼夯实地基的过程——地基扎实稳靠，地面建筑才能经得住风雨的考验。如若地基未能打牢，再昂贵的后期装修，也无法逆转已经形成的安全隐患。

遗憾的是，很多家长并不知道这一点。每当有家长带着一堆已经形成的营养或健康问题，或者已经固定成习惯的饮食行为问题来寻求帮助的时候，我都会暗自期盼能有一台时光穿梭机，可以带着他们回到最初的时刻，把地基重新修筑，让所有的隐患在最初 1000 天里被清除。

可惜，我们没有时光穿梭机……

也正因如此，有了这本书。

它对于我的意义，既是一份总结，亦是一份告白。

早在 10 年前，就有很多母婴媒体平台的编辑朋友苦口婆心地劝我写书，希望我可以把那些已经广泛传播于纸媒读者群体中的文字总结集合，形成系统的科普工具，扫除一些家庭混沌的养育观和营养认知。没有让编辑朋友们如愿，是因为那时候的自己"缺了很多"。具体到缺了些什么？当时并没有找到答案。直至 10 年后，在经历了数万个家庭的求助，体验并总结了自己的成长后，才于知识的海洋和万千的故事中寻觅到自己曾经缺失的那一块拼图——营养全局观，一种基于书本、融合见识、多维度思考的营养观。

感谢曾经信任我的家长朋友们，是他们帮助我补齐了这块拼图。也感谢 10 年前的自己，没有盲目地将知识碎片拼凑成书。时间是最好的老师，累积到今天，我才有勇气和底气将自己对食育的体会和经验分享给大家，希望可以给一些家庭送去爱与帮助，让更多的孩子释放天性，拥抱健康。

最后，感谢在本书编辑出版过程中给予我大力支持的朋友们，感谢于康老师倾情为本书写序，感谢陈大咖的美文推荐。你们的鼓励与厚爱，是我不断努力的动力源泉！躬谢！

刘遂谦
2018 年 10 月于北京

目　录

第一课
食育从奶娃开始 ……………………………………001

1.妈妈是宝宝饮食习惯的启蒙老师……002

2.让宝宝学会尊重食物……005

3.0~3岁养成影响终身的饮食习惯……009

4.这几件事要"禁"上餐桌……017

5.喂养需要看气质……021

6.宝宝的"胃"谁做主……028

第二课
以生长曲线图为指导 ························033

　1. 没有对比就没有伤害——生长发育与个体对比······034

　2. 选择适合的生长曲线图······036

　3. 正确使用和解读生长曲线图······042

第三课
科学喂养 ································045

　1. 按需喂养正确回应宝宝啼哭······046

　2. 母乳喂养是母亲送给孩子最好的礼物······050

　3. 母乳中蕴藏大能量······052

　4. 给哺乳妈妈的特别营养建议······055

　5. 影响乳汁分泌，你不可不知的细节······061

　6. 你知道吗，开奶晚也许是饮食不当惹的祸······064

　7. 母乳喂养，坚持到"点儿"上······068

　8. 没有母乳，如何给宝宝选择 "安全口粮"······074

　9. 混合喂养或人工喂养，需要避开哪些营养误区······077

　10. 选购配方奶，卖家不会告诉你的秘密······082

第四课
开始吃辅食 ···089

　　1. 辅食的重要性和辅食添加的时间······090

　　2. 辅食和奶的比例（6~12 个月每天辅食安排举例）······095

　　3. 固体食物的制作，你需要知道的细节······099

　　4. 宝宝添加肉类食材有技巧······105

　　5. 水果要适龄适量添加······109

　　6. 成品辅食购买请纠结到点儿上······115

　　7. 零食新主张：美味健康总相宜······119

　　8. 手指食物很有必要······124

第五课
正确对待膳食补充剂 ·····························129

　　1. 补铁之前，你需要替宝宝了解这些······130

　　2. 补充维生素 A，你了解多少······137

　　3. 孩子不吃饭，补锌是关键······141

　　4. 妈妈们无比关心的 DHA 补充······146

　　5. 维生素 D——被钙遮住光芒的营养素······153

　　6. 我的宝宝需要补钙吗······159

　　7. 我家的宝宝需要营养强化食品吗······167

第六课
饮食行为解析难题

1. 正确判断宝宝是否挑食偏食，你担忧对了吗……174

2. 宝宝不爱吃饭，这样做就对了……179

3. 小胖子养成记……184

4. 面对"小豆芽"，我们要不要施点儿肥……190

5. 无所不在的加工食品……194

6. 加工食品要谨慎选择……199

7. 警惕糖衣炮弹！糖的摄入要适量……204

第七课
生病的孩子怎么吃 ……………………………………209

1. 宝宝发热时的饮食建议……210

2. 宝宝患呼吸道疾病，饮食有特殊要求吗……214

3. 腹泻宝宝，吃对才能好得快……217

4. 宝宝几天没大便是攒肚吗……221

5. 宝宝便秘了，饮食该如何调整……225

后记 ……………………………………………………231

1

门诊、网上问答、线下讲课，遇到最多的问题就是：辅食添加困难，宝宝不好好吃饭。

其实，喂养困难这个话题，是包括多方面影响因素的，既有生理方面的制约，又有心理方面的干扰，后天的养育环境也在其中扮演了重要角色。

我希望能够引发家长们对于"饮食教育"（以下简称"食育"）的重视，让养育变得更轻松、更有爱，少些焦虑、多些和谐。

第 一 课　○　食育从奶娃开始

妈妈是宝宝饮食习惯的启蒙老师　　1

●饮食习惯会遗传吗

有很多妈妈问我："饮食习惯会遗传吗？"

民间有这样的传说：孕期爱吃鸡蛋，则宝宝出生后也爱吃鸡蛋；妈妈吃得太素，则宝宝也不喜欢吃肉。那么，母亲的饮食习惯会影响胎儿吗？宝宝出生后的饮食习惯一定具有"遗传性"吗？

其实饮食习惯是否会"遗传"，以及如果遗传，其影响深度如何，目前还没有研究能够明确地给出答案。但是，孕妈妈的饮食行为确实会从一定程度上对腹中的胎儿产生影响，原因在于：有些使食物具有某种"味道"的化学成分，经过孕妈妈消化道的消化吸收后，可以进入羊水及母乳。随着胎宝宝吞咽羊水,这些"味道"会进入他们体内，留下"印象"。而当他们出生后，如果妈妈恰好依然喜欢这类食物，并且经常吃，那么这些"味道"还会经由乳汁传递，强化刺激宝宝的记忆——这些对于宝宝而言，早已经品尝数次、被他们认为是"安全"且"美味"的味道，会在他们开始添加辅食的时候，轻而易举地被接受，至少相对于妈妈从来不吃的食物（无论是孕期还是哺乳期）更容易接受。这一结论是有研究证实的。

●建立科学的膳食结构是一辈子的财富

早在 21 世纪初的时候，《儿科学》杂志就刊登过一篇关于婴儿通过妈妈孕期及哺乳期食物摄入来学习接受特殊味道的研究。研究者随机设立了三个组，分别为：孕晚期 + 最初 2 个月哺乳期实验组、仅孕晚期实验组和对照组，实验内容如下。

孕晚期 + 最初 2 个月哺乳期实验组：每周四天，每天饮用 300 毫升鲜榨胡萝卜汁。

仅孕晚期实验组：每周四天，每天饮用 300 毫升鲜榨胡萝卜汁，哺乳期饮用白开水。

对照组：所有时间段内，都饮用白开水。

等到宝宝开始添加固体食物的时候，这个实验显示出来的效果令人吃惊：当分别给这些宝宝尝试添加用胡萝卜汁调制的米粉和原味米粉时，他们的表情、反应、接受程度竟然与妈妈在孕期和哺乳期接受实验与否完全对应！妈妈在孕期规律饮用胡萝卜汁的，宝宝明显更喜欢用胡萝卜汁调制的米粉，而对照组妈妈生出来的宝宝，则明显更喜欢原味米粉。

另外，还有一部分研究，将"垃圾"食品（诸如薯条、炸鸡之类的快餐）和新鲜果蔬纳入实验，结果也是一致的：孕期酷爱高热量、高脂肪食物的妈妈，她们生出来的宝宝也会特别容易喜爱这类食物，原因令人咋舌——高糖、高脂肪食物会让我们的身体产生一种作用类似于鸦片的活性物质，这种物质继而刺激体内一种让人"感觉很好"的激素即多巴胺的分泌。如果妈妈在孕期大量摄入这些高糖、高脂肪的快餐食品，会导致身体分泌上述一系列物质的阈值被提高，她们的后代出生后，体内对类似于鸦片的活性物质的信号通道变得不敏感（相比于孕期饮食均衡健康的

妈妈生出来的宝宝），从而需要通过摄入更多的糖和脂肪来获得这种"快感"。

你也许会认为：宝宝并不需要这些快感，也不会主动要求，不用太担心。遗憾的是，宝宝的身体会自动引导他们"首选""重视""热爱"这些垃圾食物，会鼓励他们向家长要求和大量进食这类食物（除非家长永远不让宝宝接触这些食物，包括零食。但即便如此，宝宝也会倾向于爱吃高糖、高脂的菜肴）。接下来的结果可想而知。

食盐，也是同理。口味重的家庭，特别是妈妈在孕期和哺乳期，很容易在不经意的情况下让宝宝的口味越养越重。

由此可见，宝宝还在妈妈肚子里时，妈妈就已经开始对宝宝进行饮食的启蒙教育了。

爱自己、建立科学的膳食结构，是每一个妈妈可以给予宝宝和自己一辈子的财富！

让宝宝学会尊重食物

我们长大后，步入职场，听到得最多的一句话就是：干一行爱一行。要想做好一份工作，首先要让自己爱上这份职业。

吃饭，也是这个道理，唯有爱上食物，才有可能对饭菜自觉自愿地产生依恋。而认真吃饭、好好吃饭、科学吃饭，是一个人一辈子健康的基石。

●如何让宝宝爱上食物

要想让孩子爱上吃饭，先要让他们爱上食物；而家长，也要在孩子面前和自己心里重新培养自己对食物的尊重。

饮食教育中最基础也是最重要的一点就是"尊重"。无论是对大自然馈赠给我们的食物与水的尊重，还是对做饭的人的尊重，这份尊重，会让每个家庭成员都心怀敬畏和感激。

所以，每个家长，尤其是爸爸妈妈，可以经常问自己几个问题：

（1）每顿饭前，我是否都曾因为自己免受饥饿之苦而心怀感激？

（2）我有不爱吃的食物吗？

（3）哪些食物因为某些原因给我留下过不好的或者美好的印象？

（4）我是根据需要量来采购食物的吗？我有见什么买什么、眼大肚子小的习惯吗？还是每次都很有节制？

（5）我每天会因为"不想吃"或"不爱吃"或"吃不了"而扔掉多少食物？

（6）我在扔掉食物的时候，是埋怨食物多一些，还是埋怨自己多一些？还是想都没想过这个问题？

（7）我会因为某个菜不合心意而埋怨做饭的人吗？

（8）我曾经因为别人帮我做好饭而认真地对他／她说过"谢谢"吗？

（9）我在家里负责做饭吗？我做完饭以后，会不会特别希望大家都能吃得很开心，最好吃得一口都不剩？

（10）如果我在家里既不负责采购，也不负责做饭，那么我会主动刷锅、刷碗、擦桌子吗？

（11）我会因为上述劳动而将"不开心"或埋怨挂在嘴上、写在脸上吗？

（12）我会在吃饭的时候回复手机信息、看手机新闻、看电视、大声说笑吗？

（13）我是狼吞虎咽还是细嚼慢咽呢？

（14）小时候，我有过种花生、种土豆或者种其他食物的经历吗？这种经历给我带来过怎样的印象？

当逐一回答完这些问题后，相信你已经明白我想说什么了：如果自己可以从上述问题中找到"尊重"二字的含义和具体表现，并将这些"尊重"身体力行，贯穿到生活中每一个跟食物有关的场景中，无需费力气刻意去"教"，你的孩子就会耳濡目染地慢慢培养出"尊重"的品质，并因为这些尊重，而对食物更加热爱。

●食育帮助孩子尊重食物尊重大自然

曾经有一段日本小学生的午餐场景视频在网上引发关注。

日本小学生的午餐统一在教室完成，孩子们会在上午最后一堂课结束后，自觉收拾好文具，在课桌上铺好桌布、摆好餐具，等待穿戴好围裙、口罩和餐帽的值日生分发午饭。

值日生不仅要负责分发餐点，还要统计确认有没有腹泻、咳嗽或流鼻涕的同学，并监督大家认真洗手消毒。他们在协助班主任、带领大家取餐后，还会在开饭前向老师和全班同学报告领餐后的食物剩余情况。

饭菜是由大家齐心协力带回教室的，所有的同学在取餐和开饭前，都要进行三次很具仪式感的致谢：一谢厨房师傅的辛苦劳动，二谢值日同学的认真工作，三谢在校园农场为大家种植农作物的同学们——日本政府鼓励学校兴建自己的农场，以供学生参与种植和养殖，让孩子们在自己动手的过程中，感受劳作之苦，培养对食物的珍惜和感谢之心。

午餐时光很安静，"食不语"是饮食礼仪的一部分，孩子们不会叽叽喳喳，只会低头认真品尝自己劳作的"果实"，感受食物带给身体的满足与幸福。

午餐总有剩下的食物，但绝对不会被浪费——孩子们通过石头剪刀布来决定谁能把剩下的食物带回家。

不浪费不仅体现在剩饭菜上，还有喝完的牛奶盒需要拆开、摊平，统一交给值日生冲洗干净并整理好，第二天送到学校的回收站处理。用完的餐盒也会被值日生送回厨房。值日生最后还要把围裙、帽子、口罩带回家洗净，第二天再带回学校，交给当天值日的同学。

餐毕，每个同学都会自觉地先用清水刷牙，再互助配合打扫教室、楼梯、老师办公室、洗漱间……直到摆好座位，等待下午课开始。

看似寻常的一顿午餐，却在每个有关饮食教育的细节里，做到让孩子们懂得一菜一饭的来之不易、学会合作与劳动、知晓平等与尊重。

食育，最初起源于日本和韩国，现在已经在西方发达国家开始推广。食育被教育界和营养学界公认为是孩子综合教育，包括心理发育不可分割的一部分。饮食习惯、生活方式会决定孩子的自主能力，无论是对食物本身的选择，还是在决定"怎么吃"这件事上。

食育还会帮助他们建立健康的人生观和世界观，懂得尊重自己、尊重他人、尊重关系、尊重大自然、尊重任何美好与幸福的来之不易，以及让他们懂得劳动与付出才是换来收获的唯一途径，而不是一味地占有和索取。

人们常说，对一个生命最好的爱，是有效陪伴。具体到饮食教育，我想，最好的陪伴就是和孩子们一起爱上食物、爱上自然、爱上自己的家。家长可以与孩子一起在阳台上种水培的小作物，如豆芽、蒜苗、葱；一起择菜，准备午餐和晚餐；让孩子尝试帮你一些"小小的"忙，比如摆筷子、擦桌子；和孩子一起主动感谢为大家辛苦做了一桌子饭菜的家人。试试看，你会收获惊喜的。

0~3 岁养成影响终身的饮食习惯 3

　　前文中虽然讲了有关饮食习惯培养与饮食教育引导的重要性，但是依旧少了一些你希望了解的细节，比如：辅食添加阶段有什么特别需要注意的地方？或者 1 岁后宝宝的饮食安排应该怎样改变？在这里，我会就这些阶段性的注意"细"项加以讲解。

　　俗话说"三岁看大、七岁看老"，这句俗语与现代医学研究的结论是有很大的一致性的。虽说不一定七岁看老，但就健康基础而言，生命最初 1000 天（从受精卵到宝宝满 24 个月）确凿无疑是一个人一辈子健康的奠基期，也是至关重要的阶段。不仅仅是饮食习惯，还包含了心智发育和疾病隐患等很多方面，在最初的 1000 天里一旦埋下"种子"，后期是很难逆转的。单就良好饮食习惯培养而言，在婴幼儿时期忽略的或者是错误处理的一些小问题常常会促成终身不良饮食习惯的养成，因此，在"第一时间"对宝宝进行食育，指导他们吃什么、何时吃、怎么吃、吃多少，打牢健康饮食模式的基础，对于杜绝近期健康隐患、预防远期负面影响都极为重要。

　　下面让我们来看看 0~3 岁中各阶段的"细项"吧！

● 4~5 月龄

阶段特点

"天生"喜欢母乳和有味道的液体，他们灵敏的味蕾从出生那一刻起就具备了分辨甜味、讨厌寡淡的能力。

培养重点

始终坚持将白水作为宝宝唯一的也是最佳的"饮料"。

常见误区

为了让宝宝"喝水"，用果水、果汁、稀释的钙水或奶替代白水。要知道，顺着他们的结果只能是宝宝"得逞"，得到更多"尝甜头"的机会，并从此开始养成挑食偏食的毛病。

绝大多数有甜味的水都会让宝宝摄入"额外的"无营养价值的热量，导致体重超速增加。

家长须知：美国儿科学会、中国营养学会、世界卫生组织等权威专业团体／组织都明确指出，宝宝在未满 12 个月之前是不可以添加任何果汁、果水的，无论是鲜榨的还是市售的，只要是液体状态的水果制品，都不可以喂给宝宝。

专家提醒

在辅食添加的初始阶段，米糊和蔬菜等口味淡的食物最好在水果之前添加，且应将胡萝卜、绿叶菜等味道淡、涩的蔬菜作为添加初期的首选，其后才是好吃的红薯、南瓜等。如此培养的宝宝，以后不易出现不爱吃青菜的挑食问题。一般来说，建议水果的添加时间安排在宝宝满 6 月龄之后。

● 6~8 月龄

阶段特点

宝宝处于味觉发育最敏感和迅速的时期，对各种食物的接受速度绝对会出乎大人的意料。特别是敏感气质的宝宝，接受新食物是对他们安全感的一项挑战。

培养重点

不必过于注重水果的添加，需将重点放在米、面、肉、蔬菜等食材的添加上，让宝宝的味觉"先穷后富"，从小爱上"平淡生活"，不让日后的口味变重，导致饮食结构失衡。

常见误区

用水果替代蔬菜——蔬菜中富含的许多矿物质、维生素和大量的膳食纤维都是水果远不及的；只因遭到宝宝一两次拒绝就轻易放弃新食物的添加——对待新鲜食物，宝宝需要一个熟悉和接受的过程，添加一种新食物往往需要二十多次的耐心尝试才能"反败为胜"，需间断地反复给宝宝尝试，并适当改变烹调或搭配方式。

专家提醒

不用奶瓶喂辅食；不向食物中添加糖、盐等任何调味料，要"原汁原味"。吃辅食的时候，一定要将宝宝安置在他自己的小餐椅中，喂食的大人与宝宝面对面而坐，四目相对，表情温柔轻松，这样有利于宝宝顺利接受固体食物。相反，如果选择让宝宝坐在大人的膝盖上，大人从后面喂宝宝，那就不要怪宝宝不爱吃辅食啦！

家长要做好榜样，跟宝宝一起"津津有味地享受"各种辅食，并及时表扬和鼓励宝宝的模仿；添加某种新食物的最初几次，大人需要额外给自己准备一个勺子，

从靠近自己这边的辅食中挖一小口，吃给宝宝看，表情可以略微夸张，显得非常享受，食物非常可口，同时"认真仔细"地咀嚼和吞咽给宝宝看。完成整个"教"的过程后，再用宝宝自己的小勺子，从靠近宝宝那边的辅食中挖一口喂给宝宝吃。这样的教学过程可以更有效地提高辅食添加的成功率。

注意你的手腕！当你把勺子递到宝宝嘴边的时候，不要急于送到宝宝嘴里，最好是让他主动将食物从勺子中抿到嘴里，这个过程中，请一直保持勺子处于平行于地面的状态，千万不要因为一着急或一激动，手腕一抬，导致食物从勺子里"倒进"宝宝嘴里。宝宝需要一个主动去吃、去争取的过程，而不是被动喂养。手腕抬早了，会将主动变成被动，从自己吃变成被"填鸭"，很容易影响宝宝对食物的接纳，导致辅食添加失败。因此，喂食的过程是忌讳"耍手腕"的，勺子平进平出，是对宝宝的尊重，也是帮助宝宝掌握进食技能、爱上食物的重要影响因素。

绝不能当着宝宝的面评价食物或表现出喜恶，否则会让宝宝因为对食物有了先入为主的不好印象而挑食。哪怕你不喜欢吃，你也要"佯装"平静和享受。

9~12月龄

阶段特点

融入进餐过程、自己动手吃食物是此阶段宝宝最津津乐道的游戏，同时也是他们学习和培养自我进食技巧和能力的重要阶段。辅食添加顺利的宝宝，此时已经能够吃较为"成型"的食物，并且开始向成人化的饮食模式过渡。

培养重点

教会宝宝"嚼"！泥糊状食物已经不能满足这个阶段宝宝的咀嚼要求，更有"嚼头"的食物如磨牙棒、小馒头片、水果条、蒸软的蔬菜条等有助于训练宝宝的咀嚼能力和对新食物的接受能力。良好的进食技巧和自己动手吃饭的意识，是良好饮食习惯的重要组成部分。

常见误区

因害怕宝宝咀嚼不好或咽不下颗粒、块状食物而继续让他们吃泥糊状食品——这样会因食物营养密度不足而影响正常的生长发育，且容易助长挑食、偏食等坏习惯的养成。

因害怕肉类难消化、担心宝宝消化不良而不给或少给宝宝吃肉——动物性食物是优质蛋白质、铁、磷、维生素 B_2、维生素 B_{12}、锌等营养素的良好来源，不可不吃。

过于注重添加动物性食物，如蛋、肉、鱼、虾等——超量的动物性食物容易"挤"走其他食物（如主食、蔬菜）的摄入量，不仅破坏了均衡的饮食结构，还会造成消化负担，让宝宝营养失衡。

因担心宝宝吃不饱或吃得过于忙乱而阻止他们自己拿食物，甚至加以呵斥——

宝宝主动进食的行为有利于他们接受各种食物，呵斥、阻止或批评会增加宝宝对食物和进食的恐惧和反感，从此再也无法爱上这种食物。

专家提醒

均衡饮食是营养和健康的基础，良好的胃肠功能是均衡饮食的保障。一方面要及时增加食物的硬度和粗糙度，以促进宝宝面部咀嚼肌和胃肠消化功能的发育；另一方面要避免添加过于荤腻或粗纤维过多的食物，以免增加消化负担。

务必及时鼓励和表扬宝宝自己动手吃饭，这是建立良好饮食习惯的重要食育内容，关系到宝宝在 1 岁以后是否能够老老实实地坐在餐桌旁吃饭。

● 1~3 岁

阶段特点

一日三餐成为饮食重点，奶类退居二线。宝宝已经建立起自己的食物喜恶倾向，开始形成自己的思维方式、饮食心理和饮食习惯，他们变得易挑剔，容易出现偏食和挑食。宝宝在某一阶段甚至只吃单一的食物，任何被混合的或者在形状、颜色上让他们不满意的食物，都有可能被拒之千里。

培养重点

训练宝宝自己拿学饮杯喝奶喝水（其实还可以再早一些，10个月左右就可以了，但要根据宝宝具体的发育状况灵活调整），停用奶瓶，否则会影响吃饭、增加缺铁隐患，且不利于牙齿发育。

继续加强对宝宝自己动手吃饭的动机、能力和技巧的培养，避免被动进餐和环境干扰。养成固定时间、固定地点、均衡饭量的好习惯。

常见误区

喋喋不休地"劝食"，不断给宝宝添加饭菜，甚至一口一口地追着喂——劝食易让宝宝产生逆反心理，被动吃饭。他们会因压力而产生进食恐惧；或助长依赖情绪，懒于自己吃。当意识到家长对饮食的关注度后，宝宝容易把"吃喝"作为争取玩耍、看电视、吃零食等机会的"交换筹码"。

依然坚持不让宝宝自己拿勺吃饭，担心吃不饱，更不愿收拾凌乱的残局——宝宝会认为自己"做错了"，不利于心理发育，更不利于培养对食物的兴趣。

宝宝不跟大人同桌、同时间吃饭——大人先开口、津津有味地享受食物的场面，远比 100 句劝说的话更能引起宝宝的兴趣，调动他们的食欲。

害怕宝宝饿着，饭后用奶或小零食"补缺"——饼干、蛋糕、糖果等零食会让宝宝没有饥饿感，更不爱吃正餐。同时，宝宝会认为不吃饭能换来偏爱的食物，进而助长挑食习惯的养成。

一旦发现宝宝爱吃什么，就反复给他做——此阶段的宝宝对食物易"喜新厌旧"，同一种食物的反复出现不利于维持他对这种食物的好奇心，应当丰富种类、变换形式。

不停地批评宝宝挑食偏食——当面指责偏食习惯，会成为心理暗示，让他们更挑食；且责备本身也会让人产生逆反心理，加重就餐时的心理压力。

追着宝宝，哄骗着喂饭，规定他们只有吃一口饭才看一眼电视——一切可能"转移"对食物的注意力的环境因素（比如看电视和玩玩具），都会助长不良习惯的形成。

专家提醒

不要给宝宝吃大人碗里的菜肴——口味过重、增加消化负担，容易让他们更挑食。

别怕宝宝把饭菜弄得到处都是、乱七八糟——他们强烈地希望"我的食物我做主"，而且需要学习必要的进食技能，过于强调整洁会在进餐时间里给他制造压力，打击宝宝的积极性，导致厌食偏食。

中国还有句老话：千里之堤毁于蚁穴。辅食添加阶段的一些小问题，常常因为被低估，甚至被忽视而慢慢积淀成日后的大问题。很多宝宝会在 1 岁多快 2 岁时出现令家长们头疼的喂养问题，甚至在已经影响了营养状况之后，家长才来寻求帮助。然而，如果一栋楼的地基没打好，只是修整地面和门窗，是无法从根本上消除房子结构上的隐患的。

因此，为了你的宝宝不出现"地基"问题，从小抓，很重要！也愿所有的宝宝都能通过建立良好的饮食习惯来培养健康的饮食模式，为日后的茁壮成长奠定坚实的基础！

这几件事要"禁"上餐桌

4

● 众目睽睽中吃饭

这是绝大多数家庭的共性：饭桌上，所有大人的注意力都集中在一个孩子身上，数双眼睛聚焦在孩子的饭碗和小嘴上，贯穿整个就餐过程。如果家有二宝或三宝，单个孩子的压力就会小很多——只承担 1/2 或 1/3 的注意力，会轻松不少。

作为家长，你有可能不同意我用的"压力"二字，认为关心孩子吃饭，怎么能说是给他压力呢？我们得督促他啊，小孩子的注意力和吃饭能力都差，大人不监督肯定吃不好啊！

没错，家长的出发点是好的，只是，我们需要注意关心的"度"，大多数家庭容易自始至终地"监督"，而宝宝是需要有一个相对自由的吃饭氛围和心理空间的。换位思考一下，如果我们自己是餐桌上的焦点，一桌子人都盯着，我们每夹一口菜、每咽一口饭，都会有人或点评或鼓掌或表扬或指责，我们能有愉悦的心情吃完这顿饭吗？哪怕是一个极度不敏感的人，也不太可能适应这种紧张的气氛。

一旦换位思考，就不难理解为何有时候在只有一个人带宝宝，手里还要忙别的事情的时候，宝宝反而能够比较自觉地吃东西了。吃得好坏成败先不说，单就吃饭兴致而言，一定是跟被盯着吃时的表现有所不同。

所以该怎么"解禁"呢？

◇◇◇◇◇◇◇◇◇◇◇◇◇◇◇◇

对于已经可以自己动手吃饭的宝宝，家长大可在整顿饭的前半程或前 1/3 段时间里，先"埋头苦干"填饱自己的肚子。宝宝的餐盘里或小碗里不要放太多食物，有点儿就行，最好是他能用小手捏起来的固体食物。不要管他能不能吃到嘴里，也不要管他会不会撒得到处都是，吃不到嘴里的他会去抓起来继续尝试往嘴里送。等家长吃个半饱了，再去帮助宝宝完成后半程，锻炼吃饭与吃饱两不耽误，宝宝没有了时刻被盯着的压力，家长也可以提前安抚自己的胃。

●饭桌上絮絮叨叨

这件事情基本会跟上面说的同时发生：

"宝宝真乖，再吃一口肉！"

"宝宝好棒，吃一口萝卜！"

"宝宝一定要多吃菜，对宝宝身体好！"

如果有人在我们吃饭的过程中没完没了地唠叨这些，一定会觉得烦！

◇◇◇◇◇◇◇◇◇◇◇◇◇◇◇◇

饮食教育，最好是通过一系列的环境熏陶、行为引导、榜样作用，潜移默化地深入，而不是靠餐桌上的说教，因为我们的话语会干扰宝宝吃饭的注意力。有些宝宝不太会受影响，但是对环境敏感的宝宝，是一定会被分散注意力的，这跟吃饭的时候旁边开着电视或收音机并没有本质上的区别。而且，大人边吃饭边说话的行为，会给宝宝造成这样的误导：吃饭的时候可以不停地说话，可以不认真吃饭，可以不关心饭碗……如果我们自己都做不到，怎么培养宝宝的餐桌礼仪呢？

● 不让宝宝自己吃饭

喂饭是个技术活儿，但凡有能力自己动手拿着食物吃的宝宝，都是希望可以自己吃饭的。但这种学习技能的迫切愿望，常常会在萌芽时就被消灭了，原因多种多样：万一呛着怎么办；吃得到处都是收拾起来太麻烦；自己吃，吃不了多少会饿坏宝宝的；病从口入，手上那么多细菌，可不能吃坏了肚子；宝宝太小了，大点儿再说吧。

然而，你可能不知道，如果从一开始就阻止他，以后想要重新激发起宝宝学习自己吃饭的热情，可就难了。

◇◇◇◇◇◇◇◇◇◇◇◇◇

首先，宝宝开始有自主意识的时候，是希望可以自己掌控"吃"这件事情的，这是宝宝最初认知世界的通道和工具，同时也是宝宝锻炼手部精细动作、手眼嘴协调能力的重要阶段。当自主意识被剥夺后，还会影响宝宝的心理发育，日后容易形成"不能为自己做决定""犹豫退缩""依赖性强难自立"等心理特质。

再者，当吃饭这件事被包办（大人喂代替了自己吃）后，就失去了足够的吸引力。因为，任何事情一旦成了"任务"，就没那么容易认真对待了，然后就会从失去兴趣到乏味、到烦躁、到排斥……

◇◇◇◇◇◇◇◇◇◇◇◇◇

宝宝不能太"干净"，更何况他的口腔和胃是有一定杀菌能力的。要对你做的饭菜和给宝宝洗手的洁净程度有信心，同时，不要太苛求完美，因为这世上没有绝对完美的事情或人！

●餐前分散注意力

在饭菜上桌前半小时，如果你为了安抚宝宝而给了他各种有可能让他投入的玩具或书，那么，你可要做好思想准备了，极有可能你费尽九牛二虎之力也没办法让小家伙把注意力从他正在专注的事情上转移到餐桌上。

很多家长都会抱怨小朋友的专注力不强，其实这是个大大的误会，他们不是不专注，而是他们专注的事情不是大人在意的。就拿饭前准备来说，家长以为用玩具、书籍、电子产品等让他们提前安静下来非常管用，却不知，小朋友一旦投入进去，任你千呼万唤，他都是"听不见"的，他甚至不会被"饥饿"的感觉打扰玩的兴致——因为，在大人眼里的"玩"，在孩子心中是全情投入的学习和钻研，哪怕他们学习的内容真的不是我们以为需要学习的。见过小猫玩毛线球、小狗追自己的尾巴吗？小朋友们的状态和它们几乎一样。

所以，要想宝宝能够专注吃饭，被餐桌上的食物吸引，最好不要有餐前分散他们注意力的"陪玩"事物，最好给他们闻着味儿扒着厨房门、看大人在干什么、看火炉上在炖什么的机会，最能调动味蕾和食欲的，是饥肠辘辘的情况下已经飘进鼻子里的饭香。

喂养需要看气质

5

● 气质很奇妙

有一种孩子叫"别人家的孩子"，"别人家的孩子"对宝宝的影响覆盖生活的全方位。家长们凑在一起，最常探讨的就是我家宝宝怎样怎样，你家宝宝那样那样……

问题来了，不是每个宝宝都一样，所以，任何一件事都是无法复制的，不是吗？就算是双胞胎，也常常是脾气秉性完全不同，更何况完全没有血缘关系的宝宝！所以，父母们需要了解这样一个概念——气质。

什么是气质？气质是婴儿出生后最早表现出来的一种较为明显而稳定的个性特征。

气质是各种情形中一个人独特而正常的行为模式，是人的心理特性之一，主要表现在心理活动的强度、速度、稳定性、灵活性等方面，比如一个人做事的快慢，情绪表达的强度等。气质是与生俱来的，它展现了每个孩子的独特之处，新生儿自出生的瞬间即表现出不同的气质。气质具有相当的稳定性，我们不能指望一个活泼好动、精力充沛的宝宝会突然变成安静、不爱动的宝宝。

家里不只有一个宝宝的父母们会发现，虽然是同父同母，但每个宝宝从出生

时就表现出了彼此的差异性。事实上，新生儿身上已经能够体现出他区别于其他宝宝的特点。比如：有的宝宝哭声低微而短暂，相对更容易安抚和哄逗；有的宝宝哭声响亮嗓门大，容易啼哭，哭起来持久难哄。有的宝宝对待吃奶这件事情，绝不分心，认真专注，老老实实地吸空妈妈一侧的乳房后再去吃另一侧；而有的宝宝吸吮母乳时吃吃停停，吃个两三分钟就要"东张西望"一小会儿，不能长时间集中注意力。有的宝宝在稍长大些后，见到陌生人总是害羞，扭扭捏捏地躲到大人背后，就是不肯叫人；有的宝宝就不认生，永远大大方方地像父母期望的那样"有礼貌"。

◇◇◇◇◇◇◇◇◇◇◇◇◇

遇到困难和危险时，不同宝宝的反应也是大相径庭的。总有一部分宝宝是害怕挑战、很难开始、容易放弃的；而另一部分宝宝则相反，勇敢面对、坚持不懈、很有耐性。对于相同的刺激信号，比如光、热、声、气味、味道等，每个孩子也都有自己独特的反应。有极为敏感、容易焦虑的，也有粗枝大叶、不以为然的。这些，就是孩子们的气质差异。

●不同气质不同喂养方式

气质只有不同，没有好坏。因材施教和因材喂养，就能趋利避害，降低喂养的难度。

经过多年的临床实践，我们将孩子的气质大致分为四种：易养型、难养型、启动缓慢型及中间型。

易养型

这类宝宝在"吃喝"这件事上基本不用大人费心，他们的喝奶时间、添加辅食时间、进食固体食物的顺从程度、对新食物的接纳速度等都很有规律，且表现积极。他们会因为饥饿、口渴或大小便而哭泣，满足后很快停止哭泣；也会存在不明状况的哭闹，但只要哄一会儿就会好。他们喜欢吮手指，无论你在不在身边都一样。如果你把他的手指拿出来，他不会出现过分的愤怒，不一会儿又会开始吮自己的手指了。

❖❖❖❖❖❖❖❖❖❖❖❖❖

这类宝宝几乎不会让大人因为他的吃喝而发愁，不容易出现挑食、拒食、少食等情况。接触新食物的时候，除非喂养者的情绪太不耐烦或表情太过冷漠，否则他们基本上都是很配合的，往往只需几次甚至一两次就能顺利接受一种新食物。

易养型宝宝的辨识标签：

随和，活跃，豁达，交往能力强。

他们的日常活动很容易形成规律，家长们很容易掌握他们在睡眠、喂养、排便和其他活动中的规律。

他们对陌生人、新玩具等新刺激的反应敏捷、适应性强且适度，积极接近，而非退缩躲避；对新环境适应较快。他们与大人的交流行为反应适度，容易带养和护理；他们性格较为温顺，表现出更多积极的情绪；他们遇事的时候情绪反应温和，态度积极。

难养型

这类宝宝经常"一言不合就不高兴"，辨识他们非常容易。

难养型宝宝的辨识标签：

生活没规律，没法掌握他们在睡眠、喂养、排便和其他活动中的变化。带养困难，尿布稍微有一点点湿或环境稍微有点儿嘈杂，他们就感觉不舒服、哭闹。对待陌生人和陌生环境，接受速度和程度都差，情感反应强烈，甚至是害怕、退缩、回避，一到新环境、一见陌生人就哭。他们不喜欢吮手指，或者吮手指时过于专注，一旦被打断就会大哭大闹。他们非常需要陪伴，并且需要你寸步不离地陪着。他们胆小，很难接纳生活中的变化，遇事情绪反应强烈且消极，比如衣服搭配错了，东西换地方了，因为特殊原因不能去计划好的地方玩了，玩具有一点儿脏了，香蕉有一点儿黑了……就会不高兴、不玩、不吃，甚至不停哭闹，很难哄。

◇◇◇◇◇◇◇◇◇◇◇◇◇◇

喂养这件充满了不确定性的事情，对难养型宝宝而言如同探雷区，摆盘稍微多了一点儿或少了一点儿，面包由方片的变成了圆的，这些都有可能成为拒食的导火索。更不要说添加新的食物了，今天觉得干而噎，明天觉得味道奇怪，后天因为颜色不好看，大后天因为恰好听见妈妈抱怨这次买的苹果不够甜……就是这么莫名其妙的一点点原因，都有可能让他们不配合喂养。

那么该如何应对呢？既然"一言不合"就不配合，那就不要出现"不合"的语言和态度。既然宝宝已经是这种气质，家长不妨学会接纳，接受这个既成事实，培养他规律进食，有了自己的节奏，发脾气的频率便会降下来。如果需要调整规律，也不要发生突变，而是趁他不备潜移默化地逐渐改变。比如，今天多放两根菠菜，明天把煮饭的水少放那么一点点。

万一恰逢他情绪不好，今天的饭没法愉快地吃完或某种新食物未能成功添加，此时家长要用平和温柔充满爱的语气和表情告诉他："没关系的，不想吃先不吃，想吃的时候再吃，一会儿妈妈陪你做一些你喜欢的事情"。如果遇上他哇哇大哭，就把他抱在怀里，告诉他有爸爸和妈妈在，不怕。或者，也可以通过转移注意力的方式缓解他心理上的不适。

增强亲子互动，给宝宝轻松的生活环境。避免拿他跟周围的孩子比较，避免制订太多的条条框框。绝不能用教条的方法决定宝宝每天应该什么时候吃、吃多少等，应从实际需要出发，在宝宝拒绝喂哺时停止让其进食。可在宝宝不拒绝的情况下反复尝试，让他逐渐适应和接受，不能强迫其立即接受。

给予这样的宝宝足够的宽容、耐心、陪伴，就是给予他战胜一切困难的勇气。宝宝只是因为敏感而缺乏安全感，一旦他觉得没有威胁，就会逐渐接受家长反复尝试给他的食物。另外，将进食环节融入游戏和故事场景中，可以帮助他培养对食物的好感。

切记：父母表现出的责怪、批评、烦躁、埋怨等行为及消极的情绪，只能增加宝宝的焦虑和不安，不仅解决不了当下的问题，还会埋下更多的隐患。这样的宝宝需要心理支持，给他成长的时间，给予他足够的耐心极其重要。

难养型宝宝往往使父母感到束手无策，甚至认为自己是不称职的父母，或者对宝宝产生讨厌、仇恨等消极情绪。这些都会使宝宝变得不耐烦或者困惑，甚至对父母产生敌意，从而形成一个恶性循环，这些宝宝养育起来也就更加困难。

启动缓慢型

用两句话形容这类宝宝就是：总是慢半拍！很省心是假象！

启动缓慢型宝宝的辨识标签：

生活很有规律，但相对来说不够活泼。对新刺激（无论是事物还是人）的最初

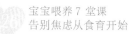
反应不强烈，倾向于退缩回避，适应较慢，反应消极或迟钝；对刺激的反应很难让人觉察到，比如被惹恼了，顶多皱一下眉头。适应新环境的速度较慢，对外界事物缺乏兴趣，很难激发兴趣，活动量小，不积极，也不喜欢探索。不太敢与人接触，表现为胆小、孤僻；时刻对周围保持警惕，除非很有把握。1 岁以内比较安静乖巧，不会大哭大闹，也不怎么大笑，表情淡漠，被逗时也不会立即高兴起来。

那么，面对食物他们会如何表现？还是两句话：

他们的辅食添加适应期比较长。

他们吃饭进餐的速度比较缓慢。

◇◇◇◇◇◇◇◇◇◇◇◇◇

怎么应对呢？辅食添加初期，他们接受新食物的速度一定是让家长着急失望的。所以，就请多些耐心吧。不要因为宝宝一两次没有表现出来"很待见"一种食物，就误以为他不喜欢吃。请多尝试几次，其实他只是还不能完全确定自己到底有多喜欢这种食物。

请不要"包办"他的进餐，即便他会细嚼慢咽到让你觉得已经过了很长时间，你要做的只是比别的宝宝多给予 10 分钟的就餐时间标准，而不是着急地赶紧把食物塞到他嘴里。永远要遵守前半场他自己吃、后半场你帮他完成的原则。

◇◇◇◇◇◇◇◇◇◇◇◇◇

进食技术掌握不好的他们，是很怕被家长误认为"迟钝、笨拙"的，一旦他们知道自己被扣上了这顶帽子，就会更加退缩、胆怯、淡漠、孤僻、自卑。这类宝宝其实具备做事情认真、思想集中、不露声色的特点，只不过接受和适应新东西较慢。所以，请给足他时间。千万别因为你觉得他们没吃饱，而补上太多加餐或零食，这种过度保护会对他们接受新环境、新事物造成障碍，进而影响宝宝的正常发育。

对待这些"慢慢的"小家伙，耐心等待是最好的方法。要关注他们的需要，而不是试图快速纠正和改变。

中间型

中间型的宝宝，介于以上三者之间。根据其特点还可细分为中间偏易养型及中间偏难养型。

喂养对策：参照前三，判断并对症。相信你自己，只要足够有耐心，你一定能陪宝宝画出一张属于他自己的美丽画卷。

宝宝的"胃"谁做主

6

经常会有妈妈问这个难度系数极高的问题：宝宝的饭（奶）量多少算够？以及，因为这个问题而衍生出来的各种与饭量有关的问题，比如为什么宝宝前几天吃饭挺好的，这几天饭量明显下降了呢？怎么才能让他多吃点儿呢？宝宝同班的小朋友一顿饭能吃一大碗，怎么才能让我家宝宝赶上别人呢？宝宝吃着吃着就开始各种扔、各种玩，他是吃饱了还是没吃饱呢？

● 宝宝胃容量分析

作为一个正常人，从出生到成人期，胃容量大小的变化从下面这张图上一目了然。虽然说每个宝宝、每个人都不可能用同一张图上的同一个量来量化，人和人之间是有个体差异的，但是大体上我们可以了解一个自然规律——没有天生的"大胃王"。我们还能从中发现一个问题，当我们站在一个"大人"的角度来看待宝宝的奶量和饭量的时候，我们容易犯一个共同的错误，那就是：高估了小家伙们的胃容量！

出生后	1~2 天	3~6 天	7 天~6 个月	6 个月~1 岁	成人
胃容量	豌豆	葡萄	草莓	西柚	小哈白兰瓜
	7~13 毫升	30~60 毫升	60~90 毫升	90~480 毫升	950 毫升

在上图中，重点看数字，以 7 天~ 6 个月的量为例，60~90 毫升，应该至少是一个鸡蛋的大小，图中的草莓应该是体形较大的那种，而不是我们常吃的小草莓。所以，为了避免误解，以数字为参考标准。

既然说有个体差异，那么，到底多少奶量 / 饭量才合适呢?

上图里的各阶段的量是家长们的一个参考基础，而具体到每个宝宝自己的胃容量和饭量，应该把决定权交给宝宝自己——他们的胃，他们做主! 换句话说，既然我们不能准确地知道宝宝的胃容量是 90 毫升还是 100 毫升，那就不要替他们做决定。

你要相信一点: 宝宝的身体是非常精妙的，会通过一系列神经传导和激素水平的变化来获得饱腹感。当奶或其他食物进入宝宝的胃里后，会让本来很小的胃发生膨胀，随后刺激神经，并将信息传达至大脑的饱腹中枢，产生逐渐增强的饱腹感。这个时候如果继续进食，像个橡皮球一样的胃还可以继续膨胀到更大的体积，这种"过量喂养"持续一段时间以后，容易人为地"撑大"宝宝的胃。

越来越多的研究证明，过量喂养会给宝宝未来的健康埋下太多隐患，很多儿童期及成人期肥胖，以及因为肥胖引发的一系列慢性病（比如糖尿病、心血管疾病等）都是因为过量喂养造成的。别看每次就是那么几小口，但是，积少成多。

●让宝宝自己做主

事实上，1 岁以内的婴儿有一种绝大多数家长都不知道的"特异功能"——他们能够自己判断吃饱没有、饿了没有，他们可以在这一顿吃得很多、热量摄入很高之后，下一顿自然而然地少吃，处于一种"自我调节"的饮食能量摄入状态。这一切，他们不是靠"想"或"判断"，而是"本身就知道"！就像他们知道自己去找妈妈的乳头一样，是一种本能，是人类在开始学习掌握各种"技能"之前尚未"被驯服"的本能。而这一能力，在人类满 1 周岁以后就会慢慢"退化"——因为我们已经开始学习了，有了学习就有了判断标准，而且我们能够慢慢辨别自己的欲望了，我们的饮食习惯也慢慢形成了，我们会因为各种饮食习惯（怎么吃、吃多少、在哪儿吃，等等）的形成而倾向于多吃或少吃哪些食物。

这也是为什么 1 岁以内以母乳喂养为主的宝宝，更不容易在以后的日子里因为吃得太多而出现超重肥胖——因为宝宝的饥饱信号更容易被妈妈识别，从而不容易出现过量喂养。而奶瓶喂养的、定时定量喂养的宝宝则不然，他们的饥饱信号相对不那么清晰，有时候会被大人误识或忽略，他们的食量更大程度上是被掌控的，而非自己决定的。同样的情况容易出现在产后情绪不稳定、焦虑、烦躁的妈妈身上，因为不能及时捕捉宝宝的饥饱信号，而导致宝宝"被"决定喂养量。

有研究发现，奶瓶喂养的宝宝，他们在 1 岁多以后更容易"一口干掉"杯子里或碗里的牛奶或汤，相比之下，母乳喂养的宝宝就没那么容易迅速让汤碗见底，这也从另一方面提示我们，非纯母乳喂养的宝宝，更有可能被"过量喂养"。

看到这里，一定会有家长充满疑虑：问题的关键是，我怎么知道宝宝吃饱了没有，吃多了没有。如果宝宝就是奶瓶喂养或者就是各种信号不明显，一不小心喂多了，"揣"大了，怎么办？

对于6个月以内、以奶为主要营养来源的小宝宝，他们的各种饥饿和满足信号会在后文中告诉你。而对于已经成功添加辅食的大宝宝而言，一旦他们表现出来无论你怎么喂，他们都会用小手去推勺子和碗，同时把小嘴小脸扭向一边，那么基本上就意味着他们已经吃饱了。当然，有些比较贪玩的宝宝，暂时并不拒绝你递向他的勺子，但是他会把食物含在嘴里，既不下咽，也不吐出来，手里自顾自地玩着什么。遇到这种情况，如果几分钟都没有变化，你就需要跟宝宝聊聊了："宝宝还吃吗？吃饱了吗？如果不要了，妈妈就把勺子收起来啦，饿的时候再跟妈妈要好不好？……"尽管放心，他一定不会说"不"的。

大多数情况下，我并不担心宝宝们，我更不放心的是父母，或者是家里的老人，常常会因为担心宝宝没吃好，饭后不久就给宝宝偷偷喂零食、水果、奶……这样的"补充"，等同于剥夺了宝宝的"胃"自己做主的机会，容易造成过度喂养。并且，频繁进食也对胃肠没有好处，因为不停地让消化道工作，它们容易"罢工"！

当然，宝宝吃够了没有，最终还是要凭生长曲线图上的"生长轨迹"来定论，具体怎么"看图定论"，下一堂课中会详细说明。

初为宝爸宝妈，或多或少都会有如下的"迷茫"：宝宝到底吃饱了没有？如何喂养才能保障生长需求？会不会因为喂养不当而给成长拖了后腿？按照现在的身长体重，长势算不算合格，会不会营养不够？

在这样一个没有对比就没有伤害的社会，到处都是"别人家的孩子"和热心的三姑六姨，要想减少自己对宝宝生长速度的担忧，真的不是一件容易事。

此时，生长曲线图的选择与使用就显得格外重要，它是家长们不可或缺的"解压"工具包，更是宝宝生长速度查缺的重要依据。

第 二 课 ○ 以生长曲线图为指导

没有对比就没有伤害
——生长发育与个体对比

1

生活中，我们不难见到这样的场面：自己家的孩子，自己明明觉得身高并不落后，但是每当带着孩子在小区里玩耍，就会有叔叔阿姨、爷爷奶奶们特别关心地告诉你："你们家宝宝怎么也没见长个子呢？你看 ×× 家的宝贝，现在已经那么高了！"或者对你说："你们家宝宝怎么看着那么瘦啊，是不是脾胃不和啊？是不是缺什么啊？"再或者，让你找 ×× 家长取取经，因为人家的宝宝比你家的孩子高、比你家的孩子胖……再淡定的父母，听到这样的话，也难免暗自嘀咕。

即便是平时不在意孩子生长发育的家长，也躲不开"对比"引发的焦虑。于是，爸爸妈妈们开始通过网络、APP、杂志、微信、自媒体等各种渠道查询有关营养和

生长发育的信息，但这些信息不仅多得数不清，还众说纷纭、难以统一，太多太杂的信息反而让家长们更加无所适从。对于一些并不专业的言论，家长们往往不具备分辨能力，不仅解决不了问题，还有可能加重误导。

如今的家长们对孩子的身高和容貌有较高的期待，"别人家的孩子"往往成为了与自己家宝宝对比的目标。

所以，到底要不要比呢？答案是：不比。

● 每个孩子的生长发育各有不同

不比较的原因，最重要的一条就是：每个孩子的身高都有自己独特的遗传特性和遗传基础！父母的身高和体型，虽然不是后代身高体型唯一的影响因素，但依旧占据了所有影响因素的一半以上。也就是说，父母的身高已经大体决定了孩子成年期的身高范围。父母都是高个子，孩子很难长得矮；父母身高都不足 1.7 米，孩子长到 1.85 米的可能性虽然不能说没有，但会小很多。

除了遗传，还有环境、气候、饮食、运动等影响因素，如果孩子出现了生长速度不达标，那么确实需要介入饮食和运动调整。但是，前提也是要先去看内分泌科的医生，看看究竟是什么原因导致的身高生长缓慢甚至矮小，而不是盲目地"补"。如果是激素水平导致的生长缓慢，过度"补"除了会让孩子长成小胖墩以外，并不会有什么明显的好处，反而会增加新的健康问题。

所以，孩子长得好不好，是不是达标，主要还是要跟孩子自己比较。如何比呢？使用生长曲线图就可以。

选择适合的生长曲线图

前文中我们学习了判断宝宝生长速度的关键方法，不是跟别人家的孩子比，而是跟宝宝自己比。接下来，我们来深入学习具体的操作方法。

就生长曲线图而言，家长们从各种途径接触到的图表并不完全相同，有来自各个国家自己的曲线图，也有世界卫生组织（以下简称 WHO）的曲线图，究竟用哪个才对呢？

种族和遗传会影响生长速度和结果，如果黄色人种用了白色人种的生长曲线图，有可能会出现较大偏差（尤其是 1 岁以内的婴儿）。

对此，美国疾病预防控制中心（以下简称 CDC）在 2012 年就曾经发出过声明：对于 2 岁以内的非白色人种宝宝，不要使用 CDC 的生长曲线图，而是建议使用 WHO 的生长曲线图。

美国以白种人为主，他们早期的生长发育模式跟其他人种是不一样的，所以

CDC 的生长曲线图上的标准值或者说相对的各个百分位的数值、范围差距等，跟 WHO 的生长曲线图是有一定偏差的。如果黄色人种的宝宝用 CDC 的生长曲线图来评估生长速度，容易被误判为生长迟缓或营养不良。

首都儿科研究所 2009 年曾颁布过 2~18 岁儿童及青少年的生长曲线图。另外，不少大型儿童医院和涉外医院的儿科，使用 WHO 的生长曲线图作为主要参考标准。家长在选择的时候，可以将两种来源的生长曲线图共同参考使用。

WHO 的这套生长曲线图针对全世界所有种族和地区的人群，基于若干年的研究，基本能够涵盖世界各国宝宝的生长特点。曲线以不同年龄段的男孩和女孩分别进行了描绘，包括身高、体重、头围、匀称度及其他数据。不仅如此，WHO 生长曲线图还对不同年龄阶段进行了详细划分：0~6 个月、6 个月~2 岁、0~2 岁、2~5 岁、0~5 岁，这样有助于从细节到宏观全面观察和评估孩子的生长趋势和发育状况。这套生长曲线图针对上述年龄段，分成 Z- 评分、百分位、BMI（体质指数）、数据表等系类图表，以方便家长和不同专业人士根据自己的需要和喜好进行选择。建议家长在宝宝 2 岁以内按年龄段选择身高体重百分位图、2 岁以上结合 BMI 图，这样更易操作。2 岁以内生长曲线图具体如下。

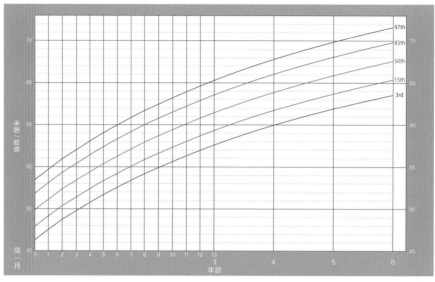

男孩 0~6 个月年龄 – 身高生长曲线图

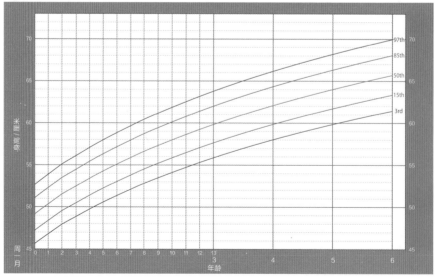

女孩 0~6 个月年龄 – 身高生长曲线图

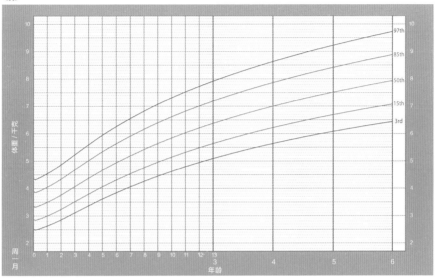

男孩 0~6 个月年龄 – 体重生长曲线图

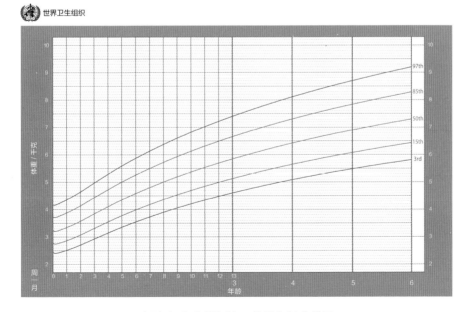

女孩 0~6 个月年龄 – 体重生长曲线图

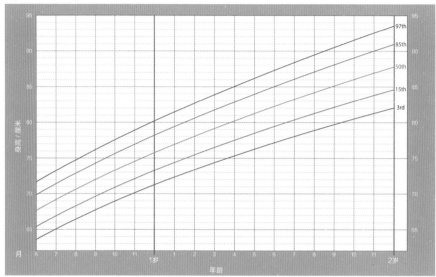

男孩 6 个月 ~2 岁年龄 - 身高生长曲线图

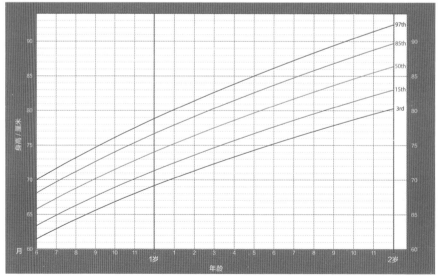

女孩 6 个月 ~2 岁年龄 - 身高生长曲线图

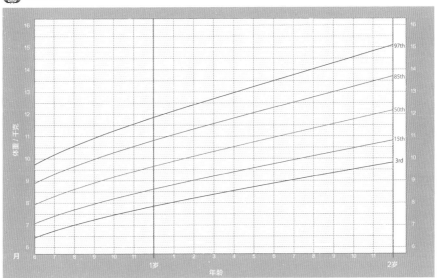

男孩 6 个月 ~2 岁年龄 – 体重生长曲线图

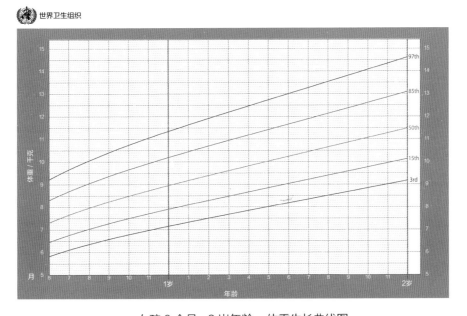

女孩 6 个月 ~2 岁年龄 – 体重生长曲线图

正确使用和解读生长曲线图 3

　　首先，选择符合宝宝年龄的生长曲线图，比如 5 个月大的宝宝选择 0~6 个月的生长曲线图，12 个月的宝宝就选择 6 个月~2 岁的生长曲线图。所有曲线图的横坐标都是月龄或者年龄，纵坐标是身长 / 身高（单位：厘米）、体重（单位：千克）或者头围（单位：厘米）。头围的监测工作建议交给保健医生（宝宝定期查体的时候），原因是家长自己往往测量不准确。

　　选对曲线图以后，先在横坐标上找到宝宝的月龄或年龄，平行于纵坐标用铅笔、直尺画一条平行线，再在纵坐标上找到宝宝的身长 / 身高或体重，平行于横坐标用铅笔、直尺画一条平行线，将这两条线的交叉点用签字笔重点标记一下。

　　定期对宝宝进行测量，就能够得出很多这样的标记点，用笔把相邻的两个标记点画线连接起来（最靠近出生的点与坐标轴零点画连线），所有点与点之间的连线会形成一条完整的曲线，这条曲线就是宝宝的生长轨迹，或者说是生长趋势。

　　测量应定期进行，以观察可靠的趋势。

　　建议的测量时间间隔：一般情况下，婴儿（0~12 月龄）每 2 个月测量一次；1 岁以上的宝宝分别在满 15 月龄、18 月龄、24 月龄、30 月龄和 36 月龄的时候各测量一次，3 岁以上，每年测量一次。

　　测量方法：体重测量可以选择固定时间（宝宝是否喂饱），尽量脱光衣服，不穿尿片，用同一个秤来测量，且最好测 3 次取平均值。

躺着量的是身长（2 岁前），站着量的是身高（2 岁及以上）。2 岁以内的小宝宝测量身长如果不是很配合，家长可以选择宝宝熟睡的时候，用两本书分别放在宝宝的头顶、脚底位置，将宝宝的身体尽量摆放伸展，跟地面或桌面尽量贴合（尽量选择硬质平展的桌面等平面），通过测量两本书的距离来间接测量宝宝身长。如果你让不足 2 岁的宝宝站着测量身高，请一定在实际测量值的基础上加上 0.7 厘米，因为躺着测量的身长比站着要多 0.7 厘米。

所有的百分位曲线图上都有五条线，最中间绿色的是 50 百分位图，上下相邻两条橘黄色线分别是 75 百分位图和 25 百分位图，最顶端和最底端的两条红色曲线分别是 97 百分位图和 3 百分位图。

足月出生且体重正常的宝宝，如果自己的曲线基本与 50 百分位平行，且身长、体重、头围的生长速度很平衡一致，就是正常的生长速度。短期之内出现小小的波动是正常现象：稍微上扬一点或者稍微下滑一点，都是容许的。只要不是从出生时候的 50 百分位左右，很短时间内迅速爬升到了接近 97 百分位；或者从出生时候的 75 百分位，一路下滑到了低于 25 百分位，都属正常现象。短期内的陡升陡降，是不正常的，需要及时咨询儿童保健科医生或医院的临床营养师。

对于一部分出生时候情况相对特殊的宝宝，如低出生体重儿以及早产儿，他们需要按照医生的要求定期去儿童保健科体检，他们的生长发育涉及追赶生长，需要包含更多的评估内容和评价指标，需要由专业人士帮助评估。一旦儿童保健科医生确认宝宝的追赶已经达标，就可以按照前面说的方法自己监测了。

母乳，是世界上最完美的宝宝食物。

但是，并不是每个妈妈都能如愿以偿地成功实现母乳喂养，也不是每个已经实现母乳喂养的妈妈都做到了科学正确地喂养。哺乳期饮食的科学与否，不仅关系到泌乳的"量"，更决定了母乳的"质"，以及宝宝未来的饮食习惯和健康状况——妈妈饮食不当、母乳喂养不当，为宝宝埋下了很多后期健康的隐患。希望你上完本堂课后，不会再重复别人的错，误入前人的坑。

第 三 课 ○ 科学喂养

按需喂养正确回应宝宝啼哭　　1

　　饥饿，是让宝宝寻找食物、保证自己获得营养，进而正常生长发育的重要信号。可是，小宝宝不会说话，除了哭闹他们没有其他办法让父母知道自己的生存需要。那么，是不是所有的哭闹都意味着索要食物呢？答案显然是"不"！几乎所有的妈妈都会给出这个正确答案，但是，并非所有的妈妈都能按照这个答案去实施。特别是新妈妈，用奶水安抚宝宝的心，而不是胃，是较常见的误区。

　　按需喂养是我们对于出生不久的小宝宝及母乳喂养宝宝的指导原则。但正如前面所说，宝宝表达饥饿的方式是哭闹，可如果宝宝发出的并非饥饿信号，却被误当成饥饿信号来处理，就容易出现下列问题。

　　消化功能受影响。小宝宝，特别是母乳喂养的宝宝，容易存在乳糖不耐受的问题，即大便次数多、排气多、大便偏稀，但是不影响生长发育速度。过于频繁地喂奶，容易增加排便次数。乳糖不耐受本不影响生长发育，但是排便次数太多，对肠道黏膜是个考验，反复受到刺激的肠黏膜，一旦出现破损，就会给某些致病菌以可乘之机。

　　营养状况受影响。过于频繁的喂养，破坏了宝宝与生俱来的"饥择食"的生理节律，干扰了他们自身"携带"的饥饱信号辨识机制，消化系统得不到应有的休息，营养物质的吸收率也有可能因此受影响。

体重增加不足或超标。如果恰好宝宝有个超级耐考验的胃，一不小心撑大了胃口，再想回去可就难了。

频繁哺乳还容易让妈妈的乳头皲裂，一部分妈妈最终因为疼痛而不得已终止了母乳喂养，改为配方奶粉。频繁哺乳不能让妈妈充分地得到休息和放松。一个心神不定、情绪焦虑、忙忙碌碌的妈妈，怎么能保证奶水的充盈呢？泌乳不足将会影响每次哺乳时宝宝的饱腹感，每次吃不饱的宝宝将很快被饿醒饿哭，进而形成恶性循环。

所以必须恰当地、正确地回应宝宝的啼哭，按需喂养。

妈妈应该如何辨别饥饿的啼哭信号呢

饥饿性啼哭的特点是：哭声中能听出"乞求"，往往是由小变大、节奏明显、不急不慢，一旦用手指触碰他们的脸蛋，会立刻转过头来找乳头，同时伴随着吸吮的动作或发出哼哼叽叽的声音等。如果把手拿开，并且不给乳头或奶瓶，宝宝会哭得更厉害。当然，一旦乳头或奶嘴入口，哭声立刻停止。

那么，饥饿性啼哭跟其他原因造成的啼哭怎么区别呢？

排便前后的啼哭：啼哭强度较轻，且常常没有眼泪，大多发生在睡醒时或吃奶后，哭的同时两腿乱蹬，一旦换了干净的尿布，哭声马上停止。

运动性啼哭：是悦耳的、打击乐般的无泪哭。哭声听上去响亮却不刺耳，甚至是抑扬顿挫、伴随着强烈节奏感的。每次哭时较短，一天下来会发生四五次，且没有其他伴随症状。如果家长及时碰碰他们，他们还会对你露出天使般的笑容呢。而且，如果妈妈把手放在宝宝的肚子上，轻轻地摇摇晃晃，宝宝很快就会安静下来。遇到这样的啼哭，妈妈可以认真倾听，并在宝宝"说话"结束后，跟他们说说妈妈

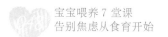
的感受。这样的回应，对宝宝来说是很美好的体验。

意向啼哭：宝宝独自待烦了的时候，会寻求妈妈的触摸和怀抱，此时的啼哭常常伴随头部的左右扭转、左顾右盼，像是在寻觅的样子。哭的声音比较平和，不尖刻、有颤音，会伴随着妈妈的接近而哭声变小。一旦妈妈出现在面前，就会停止啼哭，紧盯着妈妈，开始小声哼哼，小嘴嘟起来寻求妈妈的抚慰。

简单来说，宝宝各种需求下的啼哭，会伴随有肢体语言，声音中也能听出来不同的情绪。妈妈只要多观察总结，就能辨别出差异，也就不会因为不知道宝宝到底想要什么而焦虑了。

◇◇◇◇◇◇◇◇◇◇◇◇◇◇◇◇◇

学会辨别不同啼哭代表的信息后，还要知道怎么判断按需喂养的量是"足够但不超标的"。

吃饱了奶的宝宝会自动吐出乳头，即便妈妈此时再用乳头接触宝宝唇部，他也基本不会有反应，能够很快安静入睡，一般能够坚持 3 小时左右。反之，如果宝宝没有吃饱，那么妈妈再次用乳头接触唇部的时候，他一定会继续寻找并衔住；如果妈妈没有再用乳头试探，那么没吃饱的宝宝不能保证深沉睡眠，他们往往不足 1 小时就会醒过来，并再次用哭声告诉妈妈"我还饿着呢"。

有些宝宝即使没吃饱也不会太哭闹，他们不太爱表达自己的需求，很难让妈妈抓住他们的饥饿啼哭信号。遇到这类宝宝，体重增长情况是判断他们吃饱与否的标准。如果宝宝体重增长缓慢，出生 4 周时体重增长少于 600 克，或者生长曲线开始出现下滑趋势，说明宝宝没吃够母乳。

大小便也是判断宝宝是否吃饱的指标之一。小便量少或尿布更换次数减少，裹挟了大小便的尿布重量偏轻，大便不正常、出现便秘或腹泻，大便性状不是正常的黄色软膏状，而是要么干结，要么稀薄、发绿或次数增多而每次排出的量少，等等，这些都提示着宝宝没有吃饱。

特 别 提 醒

　　当宝宝吃奶较为费力，或者因为被包裹得太厚而容易困倦的时候，常常吸吮不久就会睡着。所以，确保喂养姿势正确，且尽可能不让宝宝穿得太多，也是保证每次喂养足量的重点。

　　即便是奶粉喂养的宝宝，妈妈也应该留意饥饿啼哭信号和体重变化情况，不要分秒不差地刻板喂养。当宝宝饥饿信号出现的时候，要恰当地给予回应，不要太过于延迟满足，否则，宝宝会因为既没有乳汁满足，又没有来自妈妈的语言和怀抱的关爱，而渐渐对外界产生恐惧和质疑。这种"匮乏感"会让他们长大以后容易对变动产生恐惧和不安，容易自我质疑，难以表达自己的需求。

母乳喂养是母亲送给孩子最好的礼物 2

人的一生中有很多事情是可以放下和被替代的，除了两样——生命与爱。

● 生命最初的 1000 天

第一个阶段：从精子遇见卵子那一刻起，未来的那个小人儿就开始了他生命的探索，同时拉开了在生命最早期 1000 天的序幕：各种组织细胞开始生长，机体内部调节逐渐形成，对后期整个生命过程和健康走向的影响也相伴起步。这个阶段，就如同在给高楼打地基。

第二个阶段：0~6 月龄。这个阶段被医学界称为"机遇窗口期"。这个阶段里，营养将作为他们最主要的环境因素，对生长发育和后续健康持续产生至关重要的影响。做好 0~6 月龄宝宝的科学母乳喂养，就如同给生命的大楼搭建承重墙，能让他们获得最佳的、健康的生长速度，为一生的健康奠定基础，也为成人后期慢性病的防治减轻多重负担。

第三个阶段：此后直到宝宝满 2 周岁。宝宝开始接触固体食物（辅食），开始学习通过食物认知这个世界，开始培养自己动手丰衣足食的生存技能，开始建立影响一生健康的饮食习惯，开始在吃吃喝喝中接受生理和心理双方面的教育。做好这个阶段的喂养，如同给生命的大楼灌注更多的水泥，让他们未来的健康获得更坚实的保障。

从呱呱落地那一刻起，母亲的怀抱给予我们的温暖是其他任何人都无法取代的。怀胎十月及哺育子女的艰辛，这份血浓于水的爱，铭刻在我们生命年轮的最中心，永世难忘。母乳，是世界上最安全、最自然、营养最完整的食物，是妈妈送给宝宝的第一份也是最好的一份礼物。

● 全世界都在呼吁母乳喂养

无论是 WHO，还是联合国儿童基金会到各国的医学团体、营养学组织，都强烈推荐母乳喂养。WHO 特别强调：婴儿出生后最初 6 个月，母乳应当是他们唯一的食物；对于 6~24 月龄的儿童，母乳也是能量和营养素的重要来源。母乳可提供 6~12 月龄婴儿所需的一半或更多的能量，可提供 12~24 月龄婴儿所需的 1/3 的能量。

美国儿科学会（AAP）的意见与 WHO 完全一致：6 月龄以内，纯母乳喂养；6 月龄前后，母乳已经满足不了婴儿对能量和营养素的需要了，这时必须添加辅食以满足这些需求。婴儿在大约 6 月龄时可以开始吃其他食物。如果婴儿满 6 个月后仍不添加辅食，或者补充不当，婴儿的生长发育就会受到影响。

原国家卫生与计划生育委员会 2014 年公布的数据显示，中国母乳喂养率在 16 年间下降了近 40%。我国 0~6 月龄婴儿纯母乳喂养率为 27.8%，其中农村为 30.3%，城市仅为 15.8%，远低于国际平均水平。在如此严峻的形势下，2015 年 8 月，中国营养学会首次发布了《婴儿喂养指南》（0~6 个月），在这份指南中，倡导母乳喂养被隆重推荐，终于与 WHO 的母乳喂养指南完美接轨。

母乳中蕴藏大能量 3

● 初乳，黄金营养

很多妈妈觉得产后最初几天的乳汁量少且稀薄，担心宝宝吃不饱或吃不好，因此将其丢弃或未予以重视，换以糖水、配方奶喂养。殊不知，被轻视的初乳（产后 4~5 天以内的乳汁）实则是初生宝宝最珍贵的食物。妈妈泌乳的质与量是循序渐进变化的，是为适应新生儿的消化吸收及身体需要而产生的自然规律，不应当人为地去改变宝宝自然接收营养的过程。

就营养成分而言，初乳的热量、蛋白质（特别是乳清蛋白）含量远高于成熟乳，脂肪和乳糖的含量均低于成熟乳，更符合初生宝宝消化吸收的特点。同时，维生素 A、维生素 C、维生素 D、维生素 B_2、尼克酸、β–胡萝卜素等维生素，以及钠、镁、铜、铁、锌等的含量均高于成熟乳。

初乳最重要的价值在于其免疫活性物质。如果把营养比喻为一辆汽车，那么，母乳的免疫价值就好比整台车的安全防护系统，这对于免疫系统不成熟的初生宝宝来说具有重大意义，是他们对抗各种病原性细菌和病毒的天然"卫士"。较成熟乳而言，初乳含有更丰富的免疫球蛋白（以分泌型免疫球蛋白 SlgA 为主）、免疫细胞 CD4+T、乳铁蛋白、生长因子（特别是上皮生长因子）、巨噬细胞、中性粒细胞、淋巴细胞、溶菌酶等。它们可促进宝宝消化道、肝脏及其他组织上皮细胞的迅速生长发育，维持肠道内菌群正常化，促进双歧杆菌增殖，从而实现预防新生儿贫血、减少变态反应的发生风险、预防感染并增强免疫等功效。同时，初乳有通便作用，且含有帮助胆红素代谢的成分，可有效减轻新生儿黄疸症状。

此外，初乳中的 TFG-β 可以让软、硬骨组织持续形成，促进细胞增殖，预防皮肤过敏；IGF 可促进新生儿大脑发育，促进细胞成长和分化；表皮生长因子 EFG 可促进皮肤表皮细胞再生及伤口愈合。

●母乳降低"牛奶蛋白过敏"风险

之所以强调"第一口食物是母乳"，是因为这一举动能够极大程度地降低"牛奶蛋白过敏"的发生概率。众所周知，受环境因素及遗传因素的影响，牛奶蛋白过敏的发生率已经呈现出明显的增长趋势,给很多家庭带来了经济上和心理上的压力，干扰着宝宝的身心健康。单就营养成分对过敏的影响而言，母乳乳清蛋白中含量相对较高的 α-乳清蛋白更安全、更不容易致敏（母乳乳清蛋白中的 β-乳球蛋白则不具备这种优势，后者有致敏风险），因而更适应婴幼儿消化系统的发育特点，更容易被消化吸收并提供相应的营养，更不容易被"浪费"或造成消化负担。为何 α-乳清蛋白这么优秀呢？因为它的氨基酸组合更为合理，其蛋白质的生物利用率最高，相应只产生较少的含氮废物，进而更适应婴儿的肾负荷特点。

α-乳清蛋白的色氨酸含量丰富，这种氨基酸是神经递质 5-羟色胺和褪黑素的前体，对于调节情绪、食欲、行为、生物钟规律等都有重要作用。5-羟色胺和褪黑素分泌量充足的婴儿，睡眠更佳，食欲和情绪都会更理想，更能"吃得好、睡得香"，进而有助于带养。

α-乳清蛋白中另外两种氨基酸胱氨酸和半胱氨酸的含量也很丰富，可以分解产生牛磺酸，有利于胆汁酸的合成、脂肪酸的吸收以及神经系统的发育。它们还是合成谷氨酰胺的原料，有利于肠道屏障功能的建立，并防止过氧化物的氧化损害作用。

从这些特点上我们也不难理解，为何《中国居民膳食指南 2016》里强调"婴儿配方奶是不能纯母乳喂养时的无奈选择"，6 个月前宝宝的肠道屏障还有待于进一步建设，更"顺应"生理特点的母乳确实具备独到的免疫优势，很难被其他替代食物完全模拟或超越。

●母乳喂养过程，传递的不只是爱，还有益生菌

母乳喂养行为有"菌"！然而，恰恰是这个"有菌"的喂养行为，难能可贵！原因很有趣——这些菌非常宝贵，从外界不易获得，它们不是有害菌，而是"护卫军"！妈妈乳头表面及乳腺管内的活菌通过哺乳被宝宝摄入并定植在肠道黏膜上，整个过程不仅调节了宝宝的肠道功能，还通过刺激肠壁黏膜上的免疫细胞，调节了宝宝全身的免疫系统。要知道，这可不是简单补充益生菌制剂就能够模拟的。

有的妈妈会问："母乳本身含菌吗？"当然！母乳中分离出的乳杆菌包括格氏乳杆菌、嗜酸乳杆菌、发酵乳杆菌、鼠李糖乳杆菌等；双歧杆菌主要是长双歧杆菌、短双歧杆菌、青春双歧杆菌、乳双歧杆菌等。除了菌，母乳中的低聚糖在进入肠道后，还能作为菌的"食物"，促进这些益生菌的繁殖，为肠道免疫再加一道保险！

给哺乳妈妈的特别营养建议 4

中国疾病预防控制中心及北京大学公共卫生学院等机构联合对我国 3 个城市（北京、广州、苏州）2011 年 10 月~2012 年 2 月期间的乳母进行了营养调查，针对营养素摄入量、营养素摄入密度等进行了统计，并与中国居民膳食营养素参考摄入量（DRIs）中对乳母的推荐标准进行了比较，这些哺乳妈妈的身高、体重、文化程度等跨度较大，覆盖了不同特点的个体。

结果发现，除了维生素 E 和钠以外，各阶段乳母的能量和其他营养素的摄入量，都没能达到 DRI 的推荐摄入量（RNI）或适宜摄入量（AI）标准。并且，其中 0~1 个月（也就是月子里）哺乳妈妈们的能量及营养素的摄入量达到 DRIs 标准的情况最差，2~4 个月最佳。

总体上，只有 17.5% 的哺乳妈妈的膳食能量和 34.6% 的哺乳妈妈的蛋白质摄入量达到了 RNI 标准。

不到 16% 的哺乳妈妈的维生素 A、维生素 B_1、维生素 B_2 的摄入量达到了 RNI 或 AI 标准，相比之下，尼克酸和维生素 C 的摄入情况好一些。钙和锌的摄入量，只有不到 8% 的哺乳妈妈达标，铁的摄入情况好于前两者。涉及宏量营养素时，结果差强人意，总碳水化合物供能比低于 AI 推荐的 55%~65%，而总脂肪供能比却高

于 AI 推荐的 20%~30%。

/ 名词解释 /

宏量营养素指的是在人体所需的各种营养素中，需求量最大的营养素。它们是蛋白质、脂肪类、碳水化合物。

DRIs：膳食营养素参考摄入量，包括平均需要量（EAR）、推荐摄入量（RNI）、适宜摄入量（AI）和可耐受最高摄入量（UL）4 项内容。

●哺乳妈妈的营养问题

"钠盐"摄入超标了。你可能没有往各种汤里添加太多包括食盐在内的调味料，但是请别忘了，我国传统的"下奶汤"基本都是选用动物性食材，如猪蹄、鲫鱼、鸡、排骨等，这些食材都是自带钠盐的，它们的肉质本身就携带了一定量的"钠"元素！我们不难想象，宝宝的味蕾接受了高盐的考验，是如何变得越来越"重口味"

的，这也就难怪添加辅食的时候为何那么费劲了。另外，重口味除了"娇惯"味觉，还会拖累肾脏。

脂肪超标了。哺乳妈妈的饮食结构有高脂肪、低碳水化合物的倾向。部分哺乳妈妈的脂肪摄入量甚至超出了乳汁自身和泌乳的需求。那么，多余的脂肪怎能不变成油珠储存在哺乳妈妈自己的脂肪细胞内呢？很多哺乳妈妈对于体形的恢复欲哭无泪，却不曾想当初是如何被那些不当的哺乳期饮食习惯坑害的。

蔬菜水果摄入太少了。坐月子的妈妈们受传统饮食习惯的影响，饮食中多为高蛋白、高脂肪食物。很多新妈妈还会在月子期刻意避食"生冷"的蔬菜水果，而后者正是膳食纤维、维生素 C、钾等营养素的重要来源。

汤喝得太多了。喝了那么多的"下奶"汤，它们并不会让乳汁中的宏量营养素——总脂肪、蛋白质或乳糖的含量发生明显的变化，这些成分只会因不同哺乳阶段而不同。汤喝得多了影响食欲，妨碍其他有营养食物的摄入，反而影响泌乳。

所以，新手妈妈们在安排哺乳期饮食的时候，应该将重点由"传统"转移到"均衡"上，太多的汤水虽然对乳汁的供能营养素影响不大，却会影响微量元素和维生素的摄入。而这些，都是宝宝生长发育所必需的，与他们的免疫力和机体成熟度密切相关。

/ 名词解释 /

供能营养素：顾名思义就是为人体提供能量（也就是平时所说的热量）的营养素，即碳水化合物、脂肪、蛋白质。

●哺乳妈妈的均衡饮食建议

1. 哺乳期均衡饮食，建议一天内根据自己的胃口和消化能力，保障主要食物的摄入量（见下表）。

哺乳期每天主要食物建议摄入量

食物	摄入量
谷类（各种米、面、杂豆等）	250~300 克
薯类（包括土豆、红薯、紫薯等） 其中要有（1/3）~（1/2）的粗杂粮（比如燕麦、莜麦、糙米、高粱米等）和杂豆（绿豆、黑豆、红豆等）	75 克
蔬菜（各种颜色的叶菜、瓜茄类蔬菜等） 其中绿叶蔬菜和红黄色等有色蔬菜要占 2/3 以上	不少于 500 克
水果（全天总量）	250~400 克
各种禽畜肉、鱼、蛋类（包括动物肝、肾等内脏）总量	225 克
牛奶、酸奶（总量）	400~500 毫升
核桃、榛子、杏仁等坚果类	手心量一小把

注：表中数值参考了《中国居民膳食指南 2016》。

另外，每周要吃 1~2 次动物肝，可以是总量控制在 100 克以内的猪肝或 50 克以内的鸡肝。每天吃点儿豆制品会更好。

以上的重量都是食物在加工前的重量，也就是生的食物的重量，而不是加工熟了以后的。

2. 需要提醒一些饮食条件受限或者参照上述推荐值很难保证饮食均衡的哺乳妈妈，建议每天补充 1 粒复合维生素矿物质合剂。

补钙！哺乳期钙需求量：1000 毫克 / 天。如果每天能够喝 500 毫升牛奶，可以获得 500~550 毫克的钙，再结合饮食中的豆制品、带骨头的小鱼小虾、脆骨、虾皮、深绿色蔬菜、坚果等含钙较为丰富的食物，基本就可以达到 1000 毫克的推荐量了。同时，哺乳妈妈可以每天多去户外晒晒太阳并适当裸露手臂、脖子、头皮等部位，让皮肤在阳光的照射下通过紫外线的作用来增加自身维生素 D 的转化量，促进钙元素的吸收。

下表中的内容可以帮助妈妈们了解如何通过食物获得 1000 毫克的钙。

每天获得 1000 毫克钙的组合

组合一		组合二	
食物及数量	含钙量 / 毫克	食物及数量	含钙量 / 毫克
牛奶 500 毫升	540	牛奶 300 毫升	324
豆腐 100 克	127	豆腐干 60 克	185
虾皮 5 克	50	芝麻酱 10 克	117
蛋类 50 克	30	蛋类 50 克	30
绿叶菜（如小白菜）200 克	180	绿叶菜（如小白菜）300 克	270
鱼类（如鲫鱼）100 克	79	鱼类（如鲫鱼）100 克	79
合计	1006	合计	1005

注：表中数值摘自《中国居民膳食指南 2016》。

不喜欢喝牛奶、喝牛奶会感到不适（比如有乳糖不耐受）的哺乳妈妈，可以选择组合二，也可以用酸奶来替代鲜奶。

◇◇◇◇◇◇◇◇◇◇◇◇◇◇◇

建议哺乳妈妈们尽可能通过食物来保障自身的钙需求，如果饮食无法保障，可以通过服用钙补充剂的形式来补充。常见的成人钙剂，每粒含钙元素 500~600 毫克，同时还含有 200 国际单位的维生素 D，在正常饮食的基础上补充 1 粒，再加上多晒太阳一般就能够保证需要了。

影响乳汁分泌，你不可不知的细节 5

　　有一部分哺乳妈妈由于开奶晚或初期奶量少，容易放弃母乳喂养或者考虑混合喂养。受不了宝宝挨饿的妈妈们，提到奶水少的第一反应往往会是"加配方奶"。但其实这是非常错误的。我们应该学会拯救危机、挖掘潜力，而不是直接向外索求。因此，母乳不足的时候，请先挖掘不足的原因，很多时候通过饮食和情绪调整是可以帮助增加母乳的。

　　随着生活条件的改善，一部分妈妈选择"在外"坐月子——月子会所。普遍反响：母婴都较容易养成规律的饮食和作息习惯，实现母乳喂养好像也不是很困难。相比之下，在家坐月子的妈妈们，是什么原因让你们遭遇母乳喂养的"不尽如人意"呢？

　　按照中国传统，为了催乳，哺乳妈妈们需要大量喝汤。这些汤多为高脂肪食物，除了对妈妈的体重和体脂肪有较大影响以外，还会增加母乳中脂肪及乳糖的含量，对宝宝的健康体重控制并非完全有益。婴儿期是人的一生中脂肪细胞数量增加的重要时期，与成人期的体型和体脂肪的状况会有直接关联。因此，不能为了催乳而让不当的饮食习惯给宝宝带来长期的影响。

　　需要提醒在怀孕前乳房就比较丰满的女性朋友，你们的乳房中脂肪数目比较多，容易压迫乳腺管，如果喝了太多油腻的汤水，反而会让乳腺管受压迫的情况更为严重，导致乳汁分泌受阻。很多"过来人"的经验已经充分证明了这一点。所以，

前车之鉴，不得不警惕。

西方人不坐月子，也不会通过汤来催乳，但她们的母乳喂养期往往长于中国人，原因在于她们对哺乳期饮食的要求不同。哺乳期妈妈每天需要额外消耗的 300~500 千卡的热量，都应当来自饮食。因此，均衡饮食，保证足量热量的摄入，是有利于妈妈和宝宝双方的。

合理的哺乳期饮食应当是"吃饱喝足"。吃饱在先、喝足在后，足量五谷杂粮、足量优质蛋白质和丰富的果蔬，才是保证乳汁营养，也就是母乳质量的关键。以膳食宝塔为基础，保证食物多样性，才能为妈妈和她分泌的母乳提供最全面最足量的营养素。至于液体（汤水），当然要喝，有助于保证奶量。除了足量的白水，其他的一定要是能够均衡有效提高母乳质量的液体，比如奶类、豆浆、鲜果汁、银耳羹等。特别是液态奶和豆浆，每天如果能够保证 500 毫升左右的摄入量，绝不比喝鲫鱼汤、猪蹄汤的效果差，既能提供水分，又能补充优质蛋白质和钙。

●增强"食"效的方法

干稀搭配。干的食物，指的是不"拖泥带水"的固体食物，包括干的主食、炒或蒸的蔬菜及肉类等，它们的营养密度大，不会因为大量汤水的存在而导致营养被稀释，进而保证营养的基本供给。汤汤水水比较占肚子，相对于干的食物，同样体积下能够提供的水分多，但营养密度低。

荤素搭配。不同食物所含营养成分的种类及数量不同，而人体需要的营养是多方面的，只有全面摄取食物，才能满足身体的需要。《中国居民膳食指南 2016》建议平均每天摄入 12 种以上食物，每周 25 种以上。

清淡适宜。产后，新妈妈们需要适应为了辛苦照料小宝宝而颠倒的作息，饮食不宜太油腻，应该吃清淡的食物。某些较为刺激的重味调料，如葱、大蒜、花椒、酒、辣椒等，最好比平常的用量少一些，食盐、酱油、酱类等钠盐含量高的调料，也不宜多放。

促进消化。一些促进消化、增进食欲的食物是产后可以适当进食的，如山楂、山药、大枣等。山楂不仅帮助食物消化，还有促进子宫恢复的作用。

焦虑、悲伤、紧张、不安、抑郁等是很多新妈妈常遇到的问题。而充分休息、保证足够睡眠、心情愉悦是保证泌乳量的重要因素。

焦虑和抑郁是产后常见的两种心理问题，一方面是激素水平变化，另一方面是主观心态影响。焦虑和抑郁，毫无疑问会影响母乳的分泌量，并通过干扰睡眠加重这种不良影响。家人特别是丈夫，需要给予新妈妈多一些关心和陪伴，毕竟承担自我恢复和照顾宝宝的双重任务并非易事。不过，家人只能从一定程度上协助缓解，更重要的是新妈妈自己学会调整心态：新生命的到来必定伴随着苦乐交织，也必定伴随着家庭角色的变换。学习调整自己最初的不适应，不要一切都为了孩子。初为人母，首先需要学会的就是对自己的爱与尊重，先要成为一个自立自强自爱的女人，然后才是妻子和母亲。焦虑不能解决问题，人生所有的"新难题"都不是焦虑可以给出解决方案的，相信自己，一切都会顺利的。

你知道吗，开奶晚也许是饮食不当惹的祸

6

刚刚迎来新生命，每个妈妈都会心怀期许，但是，不是每个妈妈都能如愿以偿地第一时间就能分泌出宝宝的黄金粮食——母乳，也就是民间常说的：开奶晚。

我们把宝宝出生后的第一次喂奶称为"开奶"，对于要不要早"开奶"，一直有不同的声音存在。

开奶早，就能让宝宝及时吸吮上母乳，在建立母婴间的感情联结的同时，避免因为开奶晚而不得不用配方奶先临时替代喂养。如果开奶晚、不及时，宝宝不得已先用奶瓶喂养了，那么，吸吮过于通畅顺利的人工奶嘴会增加宝宝拒食母乳的可能性，同时，妈妈也会因为乳汁分泌不足或涨奶有结节而影响泌乳，进而影响母乳喂养。再严重些，会有新妈妈因为涨奶淤结而造成乳腺管堵塞，发展成急性乳腺炎。其实，抛开营养而言，早些让婴儿吸吮母乳，还有助于加速子宫收缩和恢复，让产后出血量减少，同时尽早建立并增进母婴之间的感情交流。这也是现代医学要求产后半小时就要让宝宝吸吮妈妈乳头的原因。

由此可见，早开奶，确实关系到母乳喂养的成败。

反对派：早的，不一定就好，产后24小时，甚至48小时开奶，更有利于妈妈恢复，

也能让宝宝从刚刚费力来到人世的过程中稍事休息。

支持派： 近年来的很多研究都支持早开奶，越早让宝宝吸吮乳房，越早能够刺激垂体，进而刺激泌乳素的分泌，帮助妈妈促进乳汁的分泌，让宝宝有更多的机会拥有更多的"黄金口粮"。相比之下，晚开奶容易延缓对垂体的刺激，进而导致乳汁分泌延迟、乳量欠佳，母乳喂养的成功率下降。

母乳喂养的诸多好处在前文中已经悉数介绍了，如果错过了时机，无疑对于母婴来说都是遗憾。

小贴士 ——————

吸吮是怎样刺激乳汁分泌的？

乳汁的产生受神经和激素调节控制，宝宝吸吮乳头时，乳头附件的神经末梢接收到刺激信号，就会通知大脑快速分泌催乳素，催乳素一旦大量分泌，想没有母乳都不可能。

虽然说了一堆早开奶早吸吮的重要性，但确实有一些新妈妈并不能如愿以偿地开奶。不过不要着急，淡定的情绪是保证母乳分泌的必要条件。同时，还要"吃对吃好"，一部分新妈妈开奶慢，往往跟饮食不当有关系。饮食中的误区，会让本来可以通畅的乳汁层层受阻、迟迟不来。

● 只喝不吃，"食"效不高

中国传统月子习俗，被各种汤汤水水占满餐桌，不少妈妈时隔多年都能如昨日事一般回忆起那些寡淡无味的油腻腻的白汤，说到那些"下奶"神器给自己的味觉带来的冲击，阴影仍存，不堪回首。

西方没有"坐月子"一说，但母乳喂养的普及率及持久性也未见差，抛开人种差异，饮食因素和心理影响还是不容忽视的。中国传统月子饮食中安排了太多的汤汤水水，热量和蛋白质的含量并不高，却占据了食量，也容易影响食欲。对于一部分乳腺管本身就不是特别通畅的妈妈而言，经由这些油腻腻的汤摄入太多的油脂反而容易让乳腺管更为不畅，不利于开奶。

泌乳的重要基础就是：乳母营养良好、饮食热量及营养素摄入充足。因此，若想尽早开奶，还是要加强各餐中常规食物的摄入量，提高"食"效。

●奶水通畅之实用小贴士

得当的乳房按摩有助于开奶，但是前提是要在专业医护人员或者持证上岗的通乳师的指导帮助下进行，且有以下两点要避免。

用力过猛——过分用力挤压乳体部。乳体部当中有很多细小的乳腺管，这个部位不能用力挤压，否则会引发乳腺炎、乳房肿块等疾病。

不论什么情况都热敷——在没有乳腺管堵塞胀痛的前提下，如果奶水量比较少，可以用热毛巾对乳房进行热敷。但是，如果在乳房严重胀痛或乳腺管没有通畅时进行热敷，反而会加重炎症。

那么，怎样按摩更合理呢?

认真洗净双手，选一个能让自己舒适的体位（站立或坐着都可以），将拇指及食指放在乳晕位置，拇指与食指相对，两根手指同时向胸壁方向轻轻用力向下挤压，然后两个手指顺势捏住乳头及乳晕，向反方向轻拉—放松—轻拉—放松，重复这两个动作直至乳汁喷出。

你也可以采用下面的做法。

按摩乳头、疏通乳腺管被堵塞的地方：一只手从乳房下面撑住，另一只手轻轻地挤压乳晕部分，帮助它变得柔软。用拇指、食指和中指三根手指垂直于胸部夹起乳头，轻轻向外拉，可以一边拉一边 360° 变换夹的位置，轻拉—放松—轻拉—放松，如此反复。

此外，加强对乳房基底部的按摩，也有助于乳汁分泌。把乳房往中间推，尽量让两个乳头靠近，这样可以让乳房基底部比平时的活动程度更大。方法是：把拇指放到腋下，剩下的手指从乳房底下横着托住，把两个胳膊肘向内收紧，让胸部挺起来。然后，用两只手把乳房包住，像是在揉面团似的，朝着每只手手指的方向揉动乳房。

母乳喂养，坚持到"点儿"上 7

中国营养学会发布的《婴儿喂养指南》（0~6月），首要两点就是：产后尽早开奶，坚持新生儿第一口食物是母乳；坚持6月龄内纯母乳喂养。但是，若盲目"坚持"母乳喂养，当孩子出现一些问题时视而不见，就会与母乳喂养的初衷背道而驰了，就好像做饭一样，火候对了，饭菜诱人；火候不对，饭菜焦煳。母乳喂养的宝宝，容易因为对母乳或母亲乳房的依赖，出现一些喂养问题，严重的时候甚至会影响营养状况，这个时候若继续"坚持"，有可能对宝宝的健康成长造成难以逆转的不利影响。

以下情况是生活中并不少见的情景：

孩子1岁多了，依然没有办法好好吃三餐，总是索求母乳，对食物兴趣不大。

孩子将近2岁，夜里总是醒来好几次要吃母乳，如果不给就哭闹。

母乳已经很少了，但是孩子不接受奶瓶喂养，固体食物的喂养也不成功。

妈妈在家的时候，吃奶吃饭都很好，只要妈妈不在家，换成其他大人喂养，就总是很费劲。

当这些情景发生在1岁前的时候，大人们往往并不当回事儿，至少不会认为是件"严肃且严重"的事情，往往到了1岁以后，宝宝的生长发育速度（尤其是体重）明显减缓甚至停滞，家长才意识到事情的严重性。

相比而言，西方发达国家的母乳喂养率和喂养时长都较我国更有优势，虽然因为母乳喂养而造成的其他食物的接纳度 / 量较差，可是导致营养不良的却并不多。从门诊案例分析造成这一差异的原因，可能包括以下几种类型。

●门诊案例一：妈妈，你焦虑我也焦虑

10 个月的兜兜，曾经是个胖乎乎的小男孩，最近 2 个月体重增加得特别缓慢，前一个月还长了 300 克，这个月干脆就没长体重。8 个半月去看保健医生的时候，就被强调要加强辅食添加，同时要给宝宝加上配方奶粉，因为妈妈的奶量已经严重不足，全天的母乳量加在一起还不到 300 毫升。辅食也跟不上进度，别人家同龄的孩子已经吃上烂米饭和菜肉丝了，兜兜却还只能勉强喂进去几口米糊和半个蛋黄，他全天的奶量和饭量只有别人家宝宝的一半左右。

兜兜的妈妈特别后悔：当初被医生告诫的时候，也尝试着给宝宝添加奶粉，可是宝宝一吃奶瓶就哭，只能继续喂母乳。反复数次，还是下不了决心换人换地方喂奶粉和辅食。宝宝越瘦，妈妈的眉头锁得越紧，而小家伙也一点儿都不能为妈妈分忧。

妈妈其实不知道，母婴之间的情感连接是超级强大的，妈妈紧皱的眉头和焦虑的情绪都会影响到兜兜，也会让他对配方奶和辅食更加没有安全感。而越是没有安全感，他越是想要"咬住"妈妈的乳头不放，毕竟，在他心里妈妈的乳房才是他的港湾。

●门诊案例二："小事儿"变"大事儿"

1 岁 1 个月的妞妞曾经在 6 个月大的时候接受过辅食添加指导，营养师提醒过妈妈，母乳喂养的宝宝有可能因为对妈妈和乳房的依恋，让辅食添加变得不那么顺利，特别是安全感差、敏感度高的高需求宝宝。如果添加得特别费力，一定要及时换人，奶奶、姥姥、爸爸……只要是妞妞喜欢的家长就行，而且一定要换个喂饭的地方，比如从经常喂母乳的卧室换到餐厅，或者从妈妈曾经喂过宝宝的餐厅转到客厅，甚至要考虑换一套餐具，或者给宝宝的餐椅加个椅子套……总而言之，要让她进入一个"全新"的吃饭环境。另外，妈妈要提前告诉宝宝有事儿离开一小会儿，并且要"如约"离开宝宝的视线，直到估摸着喂饭结束后再回来陪孩子。

只可惜，妈妈的执行力不太强，没把营养师的嘱咐放在心上，依然是在喂母乳的卧室里喂辅食，并且因为担心别人当不好"临时妈妈"而坚持亲自喂妞妞。小家伙不配合，辅食接纳得特别慢，妈妈觉得母乳还可以，想用母乳弥补辅食量和品种的不足……就这样，到了 1 岁的时候，妞妞只成功添加过 10 种食物，而且吃得也不多。可是，母乳已经停了，小姑娘的体重增长开始成了大问题，当初被妈妈认为只是"小事儿"，如今却成了"大事儿"。

壮壮的情况跟妞妞差不多，区别在于妞妞的妈妈是从 6 个月开始给妞妞添加辅食的，而壮壮的妈妈则不然，自作主张，完全不听别人的劝，仗着自己母乳量充足，硬是坚持纯母乳喂养到 9 个月，一点儿辅食都没给壮壮添加。

壮壮的妈妈认为母乳是宝宝最天然、最营养、最安全的口粮，既然自己的母乳绰绰有余，则必须给孩子最好的食物，那些辅食都没有母乳营养全面。

结果，妈妈在壮壮 9 个月零 3 天的时候得了流感，同时还出现了腹泻，母乳一下子就供应不上壮壮的胃口了。家里人赶紧给孩子喂米粉，然而，壮壮口腔训练的最佳时期被错过了，一时半会儿根本不能顺利进食这个月龄的宝宝该吃的辅食，"青黄不接"的壮壮自此走上了"瘦身"之路。

佳佳和爱心同年同月同日生，两位妈妈也是同一个产房的，两个小宝宝从出生开始就成了好姐妹，用的、玩的几乎都一样，除了吃。从辅食添加开始，佳佳的辅食添加种类和量以及速度都要超过爱心，10 个月的时候，佳佳已经开始吃小饺子和菜肉小馄饨了，爱心还在吃米粉拌鸡蛋黄和一点点碎菜末，肉松偶尔能吃点儿，量也不多。

爱心的妈妈眼瞅着宝贝女儿越来越瘦、头发稀黄，而佳佳长势喜人、小脸粉扑扑的，心里愁得不行，却又不知道究竟是哪个环节出了问题。要说起来，爱心妈

妈的母乳还一直比佳佳妈妈好呢，怎么反而越喂越差呢？

宝宝 1 周岁的时候，爱心的妈妈终于带她来看营养师了。营养师详细了解了喂养情况之后才发现问题出在了"嗓子眼"上。由于爱心在辅食添加初期的两个月里容易出现干呕，家里老人觉得孩子"嗓子眼细"，不能吃太粗的东西，所以坚持给孩子喂泥糊样食物。也正因为母乳很好，所以那个阶段的爱心生长发育并没有表现出异常。然而，母乳再多，终究赶不上宝宝生长发育对于能量和蛋白质等营养素需求量的增加速度，等到 9 个月左右想给孩子增加辅食硬度和稠度的时候，爱心却又因为特别依赖母乳，同时吃的能力锻炼不足，吃不好也咽不下，所以无论是食物种类，还是颗粒大小、硬度，都比佳佳进步得慢。同样是 1 岁的宝贝，佳佳已经可以吃软米饭和熟烂的炒菜了，爱心的辅食却还停留在烂粥拌米粉，肉丝菜块稍微大一点儿，她就往外吐，吃饭能力比佳佳落后一大截。

当问到为什么在母乳不足的情况下没给爱心添加配方奶作为补充时，爱心妈妈委屈极了：试过各种办法，都被小嘴拒绝，除了睡觉的时候能迷迷糊糊地灌进去一点儿。

要想避免出现上面说的这些最终会导致宝宝营养落后、生长发育缓慢的情况，就要做到以下几点。

定期做儿童保健，评估生长发育速度，获取科学喂养知识。

遵照儿科保健医生或儿科营养师的建议，按照不同生长阶段营养所需添加辅食。

辅食添加需要有足够的耐心，如果妈妈自己做不到科学引导宝宝进食，就换由其他家长办这件事，妈妈则不要出现在喂食现场，避免宝宝因为能够闻到或感觉

到妈妈和母乳的存在而拒食固体食物。

如果家里没有人可以帮忙，请妈妈一定不要抱着宝宝喂辅食，这样只能增加失败的概率。正确的方法是：把宝宝安置在儿童餐椅里，固定好，面对面喂食，给予安静温和的笑容和目光接触，这样更有利于宝宝接纳这种食物。

不要给自己心理暗示：反正还有足够的母乳，晚一点儿、慢一点儿添加辅食也没事。

及时让宝宝跟妈妈分床睡（请咨询保健医生，如何才能让宝宝在不会有安全感缺失的前提下成功分床睡），这样他们就不会半夜非要含着乳头睡觉了，有助于降低母乳依赖程度。

想断母乳的时候，一定要一次到位，若反反复复尝试断乳，只能让这件事更难办。

一旦发现宝宝生长发育出现问题，请及时就诊，向专业人士寻求解决办法。

最后，一句话做总结：鼓励母乳喂养，避免盲目坚持，权衡好利弊，才能保障宝宝健康。

没有母乳，如何给宝宝选择 "安全口粮" 8

虽然每个新妈妈都满怀期待地想亲自哺育小宝贝，但谁都不能保证没有意外缺憾，当无论怎样努力都没有母乳，或者只母乳喂养了几个月就进行不下去了的时候，选择什么样的婴儿配方奶粉才是相对更加安全的呢？

首先，"安全"的定义是什么？

大多数妈妈心目中的安全是这样的：

宝宝喝完了吸收好，能长得又快又好又聪明；

宝宝吃了不会闹肚子、大便性状好；

配方奶粉的品质有保障，没有食品安全隐患；

配方奶粉的营养非常全面，不会"漏掉"妈妈们普遍关注的营养素。

而在营养师眼里，安全二字涵盖的内容更广泛，所有不至于"伤害"宝宝的因素，都应当被考虑在内。

这也是为何每次家长问我什么牌子的奶粉好，我总是无言以答的原因。在我看来，奶粉并无品牌型号上的本质差异，只要是"适合"的，就是好的。现在说一说我们首要考虑的两个问题。

宝宝是否存在牛奶蛋白过敏的风险

关于牛奶蛋白过敏的患病率，报道不一，一般为 2%~7.5%。在中国部分城市研究的结果中，发生率低于这个数值，但是，全球过敏性疾病的发生率却呈逐年上升趋势。

牛奶蛋白过敏，即对牛奶中所含的蛋白质（包括乳清蛋白和酪蛋白）中的任意一种或两种过敏。临床表现为在进食奶制品（包括配方奶、酸奶、奶酪等）后的几分钟到数小时内，出现下表中的一种或几种症状。

牛奶蛋白过敏症状

系统	症状
皮肤	湿疹（俗称"奶癣"）、风疹、荨麻疹、唇周或眼睑水肿等
消化道	恶心、呕吐、腹泻、腹痛、腹胀、血便、持续便秘等
呼吸道	鼻痒流涕、频繁打喷嚏、频繁咳嗽、哮喘等

那么，哪些宝宝属于高危宝宝呢？家中大人有过敏体质（特别是宝宝的父母）；宝宝有长期较严重的湿疹史；添加辅食初期曾出现过疑似食物过敏反应（呕吐、腹泻、湿疹、荨麻疹等）；宝宝对某些药物过敏等，只要上述条件任有其一，就属高危范畴。

不少家长会通过互联网主动了解有关牛奶蛋白过敏的知识，若知识获取得不到位、不专业，就会让一部分家有高危宝宝或者疑似牛奶蛋白过敏宝宝的家长产生以下误解：将牛奶配方奶粉换成羊奶配方奶粉，就安全了；对牛奶配方奶粉过敏的宝宝对大豆配方奶粉不会过敏；宝宝对乳糖"过敏"，不能喝奶粉；宝宝绝对不能喝牛奶。

首先，牛奶蛋白与其他食草类哺乳动物的奶蛋白之间可能存在交叉过敏反应，如果宝宝对牛奶蛋白过敏程度严重，也可能对羊奶过敏，这里的"羊奶"的范畴包括山羊奶和绵羊奶。大豆蛋白同样存在这个问题，不建议用大豆蛋白配方奶粉长期喂养 6 月龄以下的宝宝，因其蛋白质吸收率欠佳。其次，就乳糖而言，没有"乳糖过敏"这么个诊断，也就是说，没有任何一个宝宝会对乳糖过敏，大人同理。乳糖给一部分宝宝和很大一部分成人带来的不适是"乳糖不耐受"，它的意思是因体内消化乳糖的酶分泌不足而在乳糖摄入量过多时出现腹痛、胀气、腹泻等胃肠道不适状况，但不属于过敏，不必停用奶粉，只要同时服用婴儿适用的乳糖酶或者选择低乳糖或无乳糖的奶蛋白配方奶即可（牛奶蛋白配方奶或羊奶蛋白配方奶均可）。

那么，疑似牛奶蛋白过敏且属于高危群体的宝宝，怎样选择奶粉更科学呢？

首先，必须立即停用导致宝宝过敏的可疑配方奶。然后，在相关专业儿科医生或专业临床营养师的指导下选择"无敏"或"低敏"的替代用婴幼儿配方营养粉（如深度水解牛奶蛋白配方粉、完全游离氨基酸配方营养粉等）来保障宝宝生长发育的营养需求。在换用这类特殊配方粉一段时间，宝宝症状完全消失后，在专业人士的指导下，逐渐过渡到部分水解蛋白配方奶粉直至整蛋白配方奶粉。

高危新生儿宝宝可以选择部分水解配方奶粉来解救他们没有母乳喂养的局面。

没有过敏风险的新生宝宝应该喝什么奶粉

足月出生且体重正常的宝宝，可选用正规品牌的 1 段婴幼儿配方奶粉。

早产及低出生体重（出生体重小于 2500 克）的宝宝，消化系统的发育较足月的宝宝差，应选早产儿奶粉，待身长、体重的发育追赶至正常（矫正月龄后，身长体重都达到足月宝宝生长曲线的 25 百分位）后，再更换成普通 1 段奶粉。

混合喂养或人工喂养，需要避开哪些营养误区

9

　　母乳是宝宝最佳的天然营养宝库。然而，受遗传因素、生理结构、营养状况和环境因素的影响，并非每个妈妈都能如愿以偿地按照各国指南中建议的那样，实现 6 个月以内纯母乳喂养。此时，婴儿配方奶粉毫无疑问会担当起哺育的重任，或弥补母乳的不足，或成为宝宝完全的乳类来源。

　　不过，说到混合喂养（母乳＋配方奶粉）和人工喂养（纯配方奶粉喂养），一直存在着一些误区。

　　为了避免一部分妈妈对概念混淆不清，先做一下名词解释。

　　混合喂养：指在母乳确定不足的情况下，用其他乳类或代乳品来补充喂养婴儿。混合喂养的方法一般分为两种，且各有其优缺点。

　　补授法：先让宝宝吸空妈妈的乳房，不足的量立即用配方奶补足。

　　优点：宝宝的频繁吸吮能让妈妈的乳房持续接受刺激，有利于保证泌乳量，尽可能地延长母乳喂养的时间。

　　缺点：不适用于上班族，除非家就在工作单位的附近。

　　代授法：母乳与配方奶交替喂养，全天有一次或数次完全使用配方奶替代母乳喂养。

优点：有助于解决母乳量不足或因上班等原因不能按时喂养的问题。

缺点：有可能减少母乳的分泌量及喂养次数。

那么，常见误区有哪些呢？

误区一：喂养必须定时定量。

先说说不足 28 天的新生儿。由于小宝宝的胃容量有限，消化液的分泌量也有限，消化能力刚刚开始被锻炼，肠道菌群刚开始被培养，吸吮母亲乳头的能力尚有待自我完善，吸奶的力气也不够足，因此，每次能够吸吮的奶量有限。对于这个阶段的宝宝正确的做法是：按需喂养，即让宝宝自己决定吃多少奶，一方面顺应各器官生长发育的特点，另一方面由其自己逐渐形成进食的节律。

在我们人类强大基因的调控下，宝宝通常 2 小时左右就会有饥饿的表现。较快的饥饿感和因此而产生的频繁吸吮可以刺激母乳分泌，帮助新妈妈增加产奶量。

那么，对于出了月子（新生儿期）的婴儿呢？

要尊重宝宝自己的节律。总有家长问："为什么宝宝有时奶量 150 毫升，有时只有 90 毫升？"我会反问一个问题："如果你中午吃了顿大餐，晚饭还会到点儿就饿且再来一顿大餐么？"这个比喻略有些夸张，只是想让家长理解一个道理：饥饿信号是伴随消化程度和消化能力发出的，宝宝不傻，不会让自己撑着或饿着。自我节律被尊重的孩子，自身调节能力和适应环境的能力都不会弱，每顿的奶量或者说全天的总奶量，差别不会太大。

因此定时定量依旧应当尊重孩子自己的生理特点——宝宝给出想吃奶的信号（有觅食反射——宝宝的头转向妈妈的乳房，同时张大嘴巴、舌头向前下方伸出，做出吸吮的动作或将小手放进嘴里，迟些还会发出响亮的哭闹声）再喂奶（当然，最好不要等到出现明显哭闹），而不是妈妈因为担心自己奶量可能不够而频繁尝试喂奶（比如1~1.5小时就喂一次），也不要在宝宝给出"我吃饱了"的信号之后（比如自己主动停止吸吮乳头，把头扭开等），生怕宝宝没吃饱，还要补充性地多喂几口。

一般来说，用代授法喂养时，喂饱纯母乳可以坚持3小时以上，喂配方奶往往可以坚持4小时；而采用补授法喂养时，两顿之间的平均时间间隔为3.5~4小时。

误区二：多喂多长，快快长大。

通俗点儿理解就是拔苗助长！

最近几年，越来越多的研究发现，配方奶喂养的宝宝，往往吃得比"理应"多，后期出现青少年肥胖的概率高于母乳喂养的宝宝。其中有两个原因：奶瓶喂养时，人工奶嘴更"通畅"更省力，宝宝吃起来不费力，自然不用太使劲，容易吃多；配方奶中蛋白质的含量往往比母乳高，超额的蛋白质摄入对他们并没有好处，反而会在一系列因素作用下，增加肥胖的发生率。

怎样判断有无过量喂养？参考身长（身高）-体重生长曲线：出生体重正常的宝宝，只要生长轨迹基本保持出生时候的百分位，波动不大，就是正常的。一旦高出自己两条曲线，就要控制了。

误区三：既然更爱吃母乳，那就先喂配方奶，再喂母乳，避免宝宝不接受配方奶。

吸吮对于促进母乳分泌，以及妈妈乳房排空特别重要。所以，要尽可能争取纯母乳喂养。若母乳确实不足（宝宝已经吃空了两侧的母乳却仍不能满足时），则让宝宝先尽量吃空母乳，再用配方奶补足。

误区四：奶粉冲得浓些，更容易长个子。

所有的婴儿配方奶粉都会强调：是参照母乳的营养成分来配方生产的。"参

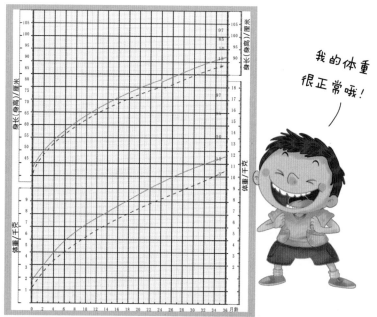

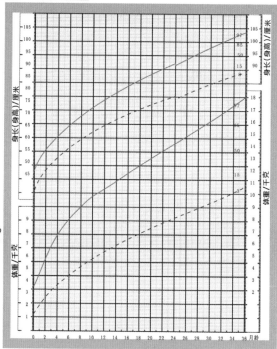

照母乳"这四个字包含了太多的信息，不仅是营养素含量，还包括渗透压和肾溶质负荷等。为了模拟母乳，使配方奶粉更符合婴儿的生理特点和消化吸收代谢能力，产品冲调说明中建议的量是经过反复试验确认安全后给出的比例。一些妈妈怕宝宝吃不饱，将奶粉冲得太浓，不仅会因为上述营养素和影响因素的浓缩而增加宝宝的消化负担和肾脏负担，还会让宝宝有超重隐患，出现诸多得不偿失的后果。

另外，提醒一部分妈妈，诸如用米汤或者母乳来冲调奶粉的做法是不科学的，也是不可取的。

误区五：混合喂养，因为有母乳，所以不用喂水。

虽然是参照母乳营养配制的，但是冲调好的配方奶的含水量及营养元素的含量，依旧与母乳不同。因此，混合喂养的宝宝在某些环境下依然需要额外添加白水，比如当气候炎热或干燥时（夏季或是开了暖气或空调暖风的冬季），需要酌情补充水分。

补充水分的量视宝宝的皮肤湿润度、大小便情况，特别是小便的颜色而定，如果小便是近乎透明无色或只是微微有点儿黄的，说明他身体里的水分够了；如果小便明显发黄或者尿布换的次数减少、重量减轻，说明该给宝宝喝点儿水了。

误区六：配方奶喂养的量，一定要参照奶粉外包装上的推荐量。

在"误区一"中我们提到，受综合因素和个体差异的影响，每个宝宝的食量不会相同，同一个宝宝，在不同时间或不同阶段的奶量也不会相同。所以，配方奶粉外包装上推荐的食用量只是作为参考的平均值，如果宝宝的奶量稍高或低于推荐量，不必焦虑，通常10%~20%内的差距不会带来大的影响。还是那句话，吃得够不够，全看生长曲线！

选购配方奶，卖家不会告诉你的秘密 10

全世界的妈妈生宝宝前和母乳不足的时候都会问一个问题："什么样的配方奶粉好？"这个问题对我而言等同于另一个问题："怎么吃才有营养？"感谢妈妈们的信任，可是，这个问题真是极难得到满意的答案。因为，配方奶粉是工业流程生产出来的产品，而宝宝是个体差异性极大的有机个体，必须亲自试过才知道适不适合。

可是，宝宝不是小白鼠，不能用配方奶粉来逐一测试，所以在选购奶粉之前，除了最常见的那些考虑因素，还应该将下述内容也考虑在内，这些是销售人员绝不会告诉你，且他们可能根本就不知道的事儿。

奶粉产地及品牌真的没有你们认为的那么关键。层出不穷的奶制品安全问题让许多家庭无所适从，为了给心肝宝贝搞到"最好的"奶粉，家长们常常会陷入选购误区：竭尽全力，只求能喝上大家口碑一致的某品牌进口奶粉或最贵的奶粉，认为大家觉得好的一定是最好的。其实，进口奶粉≠最好的奶粉；最贵的≠最适合的；别人觉得好的≠最适合你的。

因为各大公司旗下的婴幼儿配方奶粉，往往会根据销售地域的不同而酌情调

整各种营养素的含量或比例，以弥补或调整该地区人种、饮食结构、水土成分等因素对婴幼儿或乳母营养状况的潜在影响。例如，产自日本的奶粉中锌含量常常偏低，因为含锌丰富的海产品在日本人的饮食结构中占有较大比例，哺乳妈妈自己的饮食中或宝宝辅食中的锌摄入量也因此相对较高。而产自美国的奶粉往往含铁更多，以满足当地宝宝迅速生长的需求。即便是同一地区生产的奶粉，不同的品牌间各种营养素的配比也各不相同。

"从众"乍一看是个安全保障，其实是个心理围城，家长们应当勇敢地从随大流的队伍中退身出来，根据下面几条来为宝宝选择口粮：自己家庭的饮食结构；哺乳妈妈的营养状况；宝宝的辅食添加情况；长期生活地的自然环境等。

我们简单地以动物性饮食结构和植物性饮食结构为例说明。若哺乳妈妈总体饮食偏素，较少吃肉鱼蛋奶，那么，建议给宝宝选择一款蛋白质和铁含量略高的奶粉。若哺乳妈妈一向无肉不欢，对宝宝奶粉的选择可侧重于脂肪或蛋白质含量适中的品牌。再比如，如果宝宝平素易大便干燥或便秘，可选择添加了肠道益生元（如低聚糖等）的配方奶粉；若宝宝缺铁且辅食添加尚不规律，可考虑选择含铁量高的奶粉。

此外，要能够正确认识到因个体差异的存在，不同宝宝对同一种奶粉的口味喜好和消化耐受情况亦会不同。例如，同样吃美国品牌某奶粉，宝宝甲大便正常，宝宝乙却可能便秘。家长在为宝宝选择奶粉时要观察下面几件事，来决定是否长期选择这个品牌：宝宝是否爱喝；消化情况如何；身长体重的增长是否正常；奶粉品

质的鉴别与把关。

就同一品牌的同一款奶粉而言，内容物（也就是奶粉）的营养成分是完全相同的。那么，同样的内容物为何在价格上会相差很多呢？原因有很多方面。

包装决定安全性。罐装奶粉的外包装材料分为金属和环保纸两种，前者的防潮性、抗压性都优于后者。而环保纸罐又较普通纸盒包装（薄纸壳内是塑料软包装，自然单薄很多）具有更强的抗压性、密封性，防潮性也要强一些。因此，金属罐装是最不易泄漏和吸潮的。

包装决定保质期。所有食品类产品的外包装上都会注明生产日期和保质期。如果细心比较一下罐装奶粉和盒装奶粉，你会发现，大多数罐装奶粉的保质期为24 个月甚至更长，而盒装奶粉则多为 18 个月。这说明前者的密封性优于后者，因而更利于保存，避免受潮变质。

包装决定储存方法。虽然包装不同，但内容物相同，那么，开封后的储存方式是不是也应该相同呢？尽管从产品说明上来看，开封后的奶粉无论是罐装还是盒装（内部为袋装），都可以在阴凉处放置 3 周左右。但实际上，有经验的妈妈们都知道，袋装奶粉的包装较难密封，毕竟用封口夹封口，严密程度是达不到密封标准的，所以，一部分妈妈会把用封口夹夹住的袋装奶粉再放入一个大的可密封的保鲜桶或饼干桶里，以达到罐装奶粉的保存条件。实际上，奶粉的外包装上也都是这样建议的。这种不易保存性，也是袋装奶粉为何都是 400 克小包装的原因之一。

不同包装的内容量不同。

市面上的罐装奶粉，容量大多为 900 克左右，盒装奶粉一般是 400 克（也有一些盒装奶粉是 1200 克：内有 3 小袋 400 克的小包装）。不过，市面上也有一些奶粉品牌推出了 400 克的小容量罐装奶粉，以便于新生儿期的宝宝们食用（主要针对母乳不足或妈妈因乳腺炎等问题无法给予宝宝母乳喂养的情况）。

综合上述比较，妈妈们可以针对自己的经济条件、宝宝月龄（个人建议：3 个月以内的宝宝，尽量选择小内容量的罐装奶粉，毕竟食品卫生问题更有保障）、个人喜好来选择你青睐的奶粉品牌及包装类型。但是，请牢记，无论作何选择，没有什么配方奶粉比得上妈妈的母乳，只要有可能，请首选纯母乳喂养。

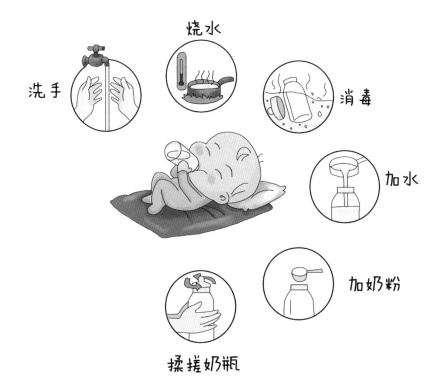

●如何正确判断实际喂养量及冲调配方奶

奶粉完全溶解后，瓶子中最终的奶量一定会多于最初加的水量。一般来说，90 毫升水 + 奶粉，最终会得到大约 100 毫升冲调均匀的成奶；120 毫升水会冲出多于 130 毫升成奶，150 毫升水会冲出 170 毫升左右成奶，180 毫升水会冲出 200~210 毫升成奶。

所以，请注意宝宝每次实际喝进去的奶量，如果把一瓶奶喝得干干净净一点儿不剩，那么，这一顿的奶量就不能按 90 毫升、120 毫升、150 毫升、180 毫升来算，而是按 100 毫升、130+ 毫升、170 毫升、200+ 毫升来算。

同理，如果宝宝只能喝 90 毫升，而且已经表现出扭头、不裹奶嘴、心不在焉等，就不要强迫他把奶瓶里剩下的 10 毫升奶喝完了，过量喂养会给宝宝的健康带来隐患。

小贴士 ————————————————————————

正确冲调配方奶的步骤如下。

第一步：洗手、烧水。

将新鲜的饮用水烧开，水壶盖子盖上的情况下自然放凉至奶粉罐上要求的冲泡水温度。不同奶粉会对水温有不同的要求，有 70℃ 的，也有 40℃ 的，常见的水温要求是 40~50℃。

如果没有食物专用温度计，可用手腕内侧皮肤估测水温，这个部位比较敏感，感觉温热而不烫手，则温度大概会在 50~70℃。

第二步：向消过毒的奶瓶中加水。

再次确定手已经洗净。然后，根据宝宝的奶量以及奶粉罐外包装上的冲调比例说明，向消好毒的奶瓶中倒入温水。比如，宝宝的奶量是 180 毫升，就在奶瓶中倒入 180 毫升温水。

第三步：向奶瓶中加奶粉。

用奶粉配备的专用量勺舀取奶粉（按照冲调比例），并在刮板上轻轻刮平（不要用手指去刮），一勺一勺地加入奶瓶里。

第四步：盖上奶瓶盖后轻轻地揉搓奶瓶。

具体方法是：用双手手掌夹紧奶瓶，朝水平方向温柔地来回揉搓，这样可以保证奶粉充分溶解，不结块，少起泡。

小贴士

冲奶粉时第二步和第三步一定不能颠倒。

部分奶粉溶解得会慢一些，或者因为揉搓得太猛而出现结块、沉底等，建议可以先只加一部分奶粉，按照步骤四让奶粉充分溶解后再把剩下的补齐。比如应该加 6 勺奶粉，可以在 180 毫升水中先加入 3 勺奶粉，充分溶解后再加入剩下的 3 勺，继续揉搓奶瓶至溶解均匀。

溶解奶粉时不能搅拌或用力摇晃，因为"粗暴"溶解会制造大量的气泡，让宝宝在喝奶的同时吞下大量空气，喝完奶后更容易吐奶和腹胀。

像个大人一样地"吃"，是小宝宝们真正意义上的"成长"的开始。

如果你对辅食添加的理解还停留在"吃"和"营养"的范畴内，你真的需要认真学习这堂课的内容了。要知道，辅食添加是养育不可分割的一部分，不仅关系到宝宝是否一生拥有健康的身体，还决定了他们能否成为一个有责任感、有安全感、独立自主、积极勇敢、懂礼有爱、身心全面健康的人。

另外，"吃"得对不对，还关系到宝宝聪不聪明、漂不漂亮哦！

第 四 课 ○ 开始吃辅食

辅食的重要性和辅食添加的时间 1

儿科医生：建议咨询保健科的医生，他们对这个问题比较在行。不过《中国居民膳食指南 2016》推荐，坚持 6 月龄内纯母乳喂养，6 个月后开始添加辅食。

儿保科医生：分成两派意见，一派坚决支持纯母乳喂养到满 6 个月再添辅食，一派认为实际工作经验积累的心得是，满 4 个月开始添加，后期比较容易跟进，6 个月也可以，但是常常有添加困难的现象出现。

非临床的营养学人士：当然要满 6 个月才添加辅食，这是世界卫生组织的指南明确要求的。

一些非官方的专业团体（关于母婴健康的）：纯母乳喂养必须一直坚持，不满 6 个月不可以添加辅食，母乳可以满足 6 个月以下宝宝的任何营养需求，是天然黄金食物，无可替代。

孩子父母：我们很困惑，互联网上、育儿类图书上、相关杂志上、电视上……各位专家的意见很不统一，到底应该满 4 个月添加，还是满 6 个月呢？

作为一名儿科专长的临床营养师，在见过数万个孩子之后，依然会偶尔困惑。困惑的原因并非不知道该什么时候添加，而是要如何让家长明白一个道理：孩子不是机器，不同情况需要不同对待，"甲之蜜糖乙之砒霜"这句话最能完美诠释养育需要个体化和机动化。

所有专业团体的推荐意见都是有其背景和前提的，我们容易只抓住其中一部分而忽略了背其景环境。所以，我想从辅食添加的目的和顾虑着手，帮助家长们理清一个思路。当然，具体到孩子的实际情况，还是要请临床的专业人士帮各位做具体的判断。请注意，我强调了"临床"二字，即儿科专科的医疗人士们，因为经历过太多的教训，能够避免家长们走弯路。

辅食添加，我们需要考虑五个 W，即 Why、When、What、Who、How，以下探讨的是前两个。

Why（为什么要添加辅食）

前面的篇幅提到过：从宝宝满 6 个月开始到满 2 周岁，是生命早期 1000 天机遇窗口期的第三个阶段。适宜的营养和喂养不仅关系到近期的生长发育，也关系到长期健康。

原因 1：乳汁已经无法满足宝宝的生长需求。

4~6 个月后，单纯从母乳或配方奶粉中获得的营养成分已经不能满足宝宝生长发育的需求，必须添加辅食，帮助宝宝及时摄取均衡、充足的营养，满足生长发育的需要。

原因 2：为"断奶"做好准备。

婴儿辅食又称断乳食物或离乳食物。顾名思义，这个时期是婴儿从以奶为主要营养来源发展到成人化饮食模式、以奶以外的固体食物为主要营养来源的重要过渡期。

原因 3：训练吞咽能力。

从习惯吸食乳汁到吃接近成人的固体食物，宝宝需要有一个逐渐适应的过程。

从吸吮到咀嚼、吞咽，宝宝需要学习另外一种进食方式，这一般需要半年或者更长的时间。

原因 4：培养咀嚼能力。

宝宝不断长大，他的牙黏膜也逐渐变得坚硬起来，尤其是长出门牙后，如果及时给他吃软化的半固体食物，他会学着用牙龈或牙齿去咀嚼食物。咀嚼功能的发育有利于颌骨发育和乳牙萌出。

原因 5：帮助味觉、嗅觉、触觉，以及神经系统发育。

味觉发育的顺序：甜酸咸苦。

原因 6：培养饮食习惯。

宝宝在进食过程中会表现出喜欢用手抓或自己拿勺子舀，有助于培养对食物的兴趣以及自己进食的好习惯、预防偏食等。

原因 7：减少后期过敏性疾病的发生。

有过敏性疾病风险的宝宝，1 岁以前添加固体食物并接触容易导致过敏的食物种类，可以有效降低 1 岁后，乃至生命后期过敏性疾病的发生率。

When（何时添加辅食）

宝宝可以开始添加辅食的征兆：

母乳喂养，每天喂 8~10 次，或配方奶喂养，每天总奶量达 1000 毫升时，宝宝看上去仍显饥饿，或吃饱了奶后仍哭闹。

足月儿体重达到出生时的 2 倍以上（即身长、体重均达标）；低出生体重儿体重达到 6 千克、奶量够，但体重增加仍不达标（需同时警惕过敏）。

宝宝头颈部肌肉已经发育完善，能自主挺直脖子，倚着东西可以坐着，方便进食固体食物。

开始对大人的饭菜感兴趣，如喜欢抓大人正要吃的东西或碗筷，大人吃饭时宝宝吧唧小嘴，喜欢将玩具或手指放到嘴里吸吮，出现咀嚼动作。

吞咽功能逐渐协调成熟、挺舌反射消失——用勺子喂食物的时候，他就张开嘴，不总是将食物顶出或吐出，舌头及嘴部的肌肉发展至可以将舌头上的食物往嘴巴后面送，一起来完成这个咀嚼的动作，可以顺利地咽下去，不会被呛到。

消化系统中的消化酶分泌量增加（如唾液淀粉酶、胰淀粉酶等在宝宝 4 个月左右时已经可以达到一定的分泌量），已经能够消化不同种类的食物了——添加辅食以后没有出现皮疹、呕吐、腹泻等过敏症状。

所以，到底从几个月开始添加呢？各专业团体的意见略有不同：世界卫生组织建议 6 个月；中国营养学会建议 6 个月；欧美儿科专业团体建议 4~6 个月；民间传统建议 4 个月，甚至更早；欧洲变态反应协会建议不早于 17 周、不晚于 26 周。有特殊疾病及过敏家族史的宝宝，请咨询专业人士。

◇◇◇◇◇◇◇◇◇◇◇◇◇◇◇◇

中国营养学会发布的《7~24 月龄婴幼儿喂养指南》中，提到了过早或过晚添加辅食可能引发的健康风险，并强调：过早添加辅食，容易因婴儿消化系统不成熟而引发胃肠不适，进而导致喂养困难或增加感染、过敏等风险。过早添加辅食也是母乳喂养提前终止的重要原因，并且是儿童和成人期肥胖的重要风险因素。过早添加辅食还可能因进食时的不愉快经历，影响婴幼儿长期的进食行为。过晚添加辅食，则会增加婴幼儿蛋白质、铁、锌、碘、维生素 A 等缺乏的风险，进而导致营养不良以及缺铁性贫血等各种营养缺乏性疾病的发生，并造成长期不可逆的不良影响。

过晚添加辅食也可能造成喂养困难，增加食物过敏风险等。

少数婴儿可能由于疾病等各种特殊情况而需要提前或推迟添加辅食。这些婴儿必须在医师的指导下选择辅食添加时间，但一定不能早于满 4 月龄，并在满 6 月龄后尽快添加。

另外，还想补充两点。

根据各国临床研究结果证实，如果宝宝有过敏性疾病的发生风险，那么避免让宝宝接触可能致敏的食物或者延迟辅食添加都非明智之举，反而会让他们在 1 岁以后面临更多的麻烦。

由于味觉的发育，有些宝宝在尝到了母乳以外的食物后会被丰富的味道所吸引，从而减少了对母乳的吮吸，并因此影响了妈妈乳汁的分泌——太早添加辅食，用营养相对单一的食物来取代完美的母乳，实在是一件得不偿失的事。这也是我们强调辅食添加时间需要"个体化"和"机动化"的原因之一，尤其是当宝宝有过敏性疾病的高风险、需要在母乳喂养和过敏预防之间进行平衡的时候。因此，出于某些原因（过敏、缺铁性贫血、营养不良等）需要早一点接触奶以外食物的宝宝，辅食添加不要早于 17 周；没有特殊原因或疾病的宝宝，不要晚于 26 周，即满 6 个月后必须添加辅食。

辅食和奶的比例（6~12 个月每天辅食安排举例）

2

　　辅食和奶的比例怎么安排呢？这个话题令很多妈妈头疼且困惑，一旦开始添加辅食，吃多少才算合适呢？

　　要弄明白这件事情，恐怕先要复习一下辅食添加的原因和意义。世界卫生组织和中国营养学会都建议，健康足月出生的纯母乳喂养宝宝，添加辅食的最佳时间为满 6 个月，原因在于：婴儿满 6 月龄后，纯母乳喂养已无法再提供足够的能量，以及铁、锌、维生素 A 等关键营养素，因而必须在继续母乳喂养的基础上引入各种营养丰富的食物。但是，对于不满 12 月龄的宝宝而言，母乳（或者配方奶）依然是他们营养的主体，也就是说，固体食物不可以取代奶类，并且，固体食物提供的营养（无论是能量、蛋白质还是其他）不能超过总体需求量的一半，理论上来说，占总体的（1/3）~（1/2）是最为理想的。

　　那么，怎么知道一个宝宝每天需要多少营养呢？

　　营养学上有一些计算公式，告诉我们一个孩子在不同年龄段的热量需求、蛋白质需求，我们可以根据这些再推算出他们大概应该吃多少膳食脂肪、多少碳水化合物、多少蛋白质等。而这些计算公式是统一按照年龄段和体重来作为计算依据的。但是，我想说，科学是为人服务的，而人体并非机器，这就意味着程序化的计算方

法未必是准确的。影响人体的因素太多，一口米饭吃进肚子里，每个人因为消化酶的分泌不同、激素水平不同，对米饭中碳水化合物、脂肪和蛋白质的消化吸收量必然是不同的。而且，身长、体重完全一样的两个孩子，身体内脂肪和瘦体重的比例也会不同，他们对碳水化合物、蛋白质、脂肪的需求量和存储能力也会有差别。就算这一切影响因素在两个孩子身上的影响是完全相同的，我们还要参考他们各自的喝水量、运动量、大小便的情况……所以，同样一口米饭，在两个孩子身上对身长体重产生的最终影响会因为这些而产生差异。

◇◇◇◇◇◇◇◇◇◇

那么，难道计算公式错了吗？没有，计算公式告诉我们的是在标准化的环境中应该出现的结果，容许偏差。

不过，妈妈们不用困惑，把握以下三点，基本不会有大差错：

不要让固体食物在宝宝满 12 个月之前成为主角。

尊重宝宝先天的饥饱感知能力，一旦被大人的各种"定式喂养"搅和乱了，再找回来可就不容易了。

身长、体重是证明宝宝吃够没有的最有说服力的证据。有关身长、体重的问题，在前面第二课以生长曲线图为指导中有介绍。

7~9 月龄的宝宝

需要明确一点：这个阶段只是较少量地添加辅食，辅食添加的任务是让宝宝逐渐熟悉各种食物的不同味道和感觉，建立他们对于多样化食物的接纳度，适应从流质食物向半流质食物的过渡。因此，他们并不需要太多的食物，一般来说，做如下安排即可。

○母乳/配方奶：每天600～700毫升以上；每天4～6次。

○辅食：每天2～3次。

○食物种类：泥糊状的肉类、鱼类、果泥、谷类食物。

○方法：强化铁的婴儿米粉，可用水、母乳或配方奶冲调成稀糊状（选用小勺盛起不会很快滴落，最好先试6月白水冲调，可以保证原汁原味）。婴儿开始学习接受小勺喂养时，由于进食技能不足，只会吮吸，甚至将食物推出、吐出，需要慢慢练习。可以用小勺盛少许米糊放在婴儿一侧嘴角让他吮吸。过了7个月之后，可以尝试家里煮的烂粥，以锻炼宝贝对粗敏感的适应能力。

所以，从宝宝们学习掌握进食技能的费劲程度，就能知道每天可完成的辅食量。因此不用纠结吃了多少，在这个阶段就放开了让宝宝尝试吧！只要奶量不少于600毫升（最好能在700~800毫升），身长、体重在他自己的曲线轨迹上，就可以了。小家伙会"自动"吃够他在奶以外需要的量。

10~12 月龄的宝宝

这一阶段，宝宝辅食添加的重点除了继续丰富种类，还要增加食物的稠厚度和粗糙度。随着辅食硬度稠度的变化，辅食的"营养密度"也在增加，这意味着单位体积内食物可以提供的热量和其他营养素都在增加。所以，此阶段的辅食和奶的安排，大致如下。

○母乳/配方奶：保持每天600毫升的奶量；每天3~4次。

○辅食：每天2~3次。

○食物种类：碎状、丁块状、手抓食物。

○方法：辅食质地比前期加厚、加粗，带有一定的小颗粒，并可尝试块状的食物。辅食喂养时间安排在家人进餐的同时或在相近时，逐渐达到与家人同时进食一日

三餐，并在早餐和午餐、午餐和晚餐之间，以及临睡前各加餐 1 次。

可添加的辅食种类如下。

主食：小饺子、小馄饨、软米饭、软馒头片、软面包片、软意面等。

煮软烂的蔬菜：碎西葫芦和碎萝卜等。

小颗粒的水果：草莓、猕猴桃和火龙果等的碎果粒。

蛋白质类食物：猪肉、鱼肉、豆腐、白煮蛋等的碎颗粒。

奶开始成为辅助喂养食物，一般安排在睡前、上下午加餐等时间，正餐开始"正式化"，如下表所示。

10~12 月龄宝宝辅食添加建议

7:00 左右	奶 + 米粉 / 粥 / 碎面等固体食物
10:00 左右	奶
12:00 左右	各种厚糊状或小颗粒状固体食物，可以尝试软饭、肉末、碎菜等
15:00 左右	奶 + 水果粒或其他辅食等
18:00 左右	各种厚糊状或小颗粒状固体食物，可以尝试软饭、肉末、碎菜等
21:00 左右	奶

固体食物的制作，你需要知道的细节 3

固体食物的添加是宝宝踏上食物探索之旅的开始，也是父母们烹调艺术自修课的开始。100 个家庭，有 100 种食物制作方式和习惯，但是，有几件事是每个初体验的家长都有必要了解的。

● 辅食加工工具

工欲善其事，必先利其器。在开始研究固体食物的营养之前，先要研究一下帮助宝宝获得这些营养需要用到的工具。

过滤网

别小看巴掌大的一块网，绝对是 6~8 月龄宝宝添加辅食的有利工具。就材质而言，不锈钢材质的作为首选，既容易清洗（可以用刷奶瓶的小刷子刷），又不会生锈，还很耐热。无论是用于单独的蔬菜、肉泥、肝泥，还是混合性泥糊样食物（如肉末碎菜粥）等，过滤网的功能都很强大，可以让你放心制得顺滑的成品。

用过滤口做胡萝卜泥，太方便了！

研磨盘 / 研磨器

这两种工具适合于研磨质地更为坚硬一些的蔬菜和水果，例如黄瓜、胡萝卜、苹果、梨等。方法很简单，将蔬菜、水果洗干净去皮切成小块，直接放在研磨盘 / 研磨器中研磨成很细的碎末即可。

研磨钵 + 研磨棒

研磨钵 + 研磨棒是相对更为传统一些的研磨工具，其实就是我们用来捣蒜泥的钵。别看它老式，却很好用，特别适合用来制作颗粒和硬度处于过渡阶段的宝宝的辅食。研磨豆类、鱼肉等，可以制作出更有"粒度"的形态。就材质而言，个人觉得从安全的角度来说，不锈钢的更好且易于清洗。

捣泥器 / 压泥器

又叫压薯器，适合制作土豆泥、山药泥、红薯泥等。先把这类容易捣成泥的食材蒸软或煮软，然后去皮切小块，放在碗中捣成泥即可。

料理棒 / 料理机

如果不怕浪费食材且想省力气，可以选择这两种工具。选用电动的，自然更方便，只是容易有更多难以刮干净的食材残留在壁上，且清洗起来更麻烦。相比之下，料理棒会更灵活、易清洗。此外，还有一种倒置榨汁的小型榨汁机，由于刀头可卸且容器较小，也是不错的选择。

菜刀、案板

虽然不用额外单独准备，但最好是按照蔬菜类、肉类、水果类分门别类设置。生熟分开，以保证固体食物加工过程中的卫生。

辅食专用冷冻盒

这一产品大大方便了职场妈妈，可以一次多做一些肉、蔬菜（但最多不要超过三天的量），按照每顿可以吃完的量装入盒中冷冻起来，既方便又省时。

请注意：不建议家长将鱼汤、

肉汤、骨头汤等冷冻备用，因为用"高汤"给宝宝制作粥面等食物的做法很不可取，后面的内容中会谈到。

●万事俱备，只欠开始

有关各种食物的添加顺序，如果一位妈妈去咨询 100 位专业人士，估计会出现不少于 10 种的建议。会有人建议先添加蛋黄或水果，会有人提倡先添加薯类（如土豆、红薯）制成的泥，还有人与我一样，倾向于请妈妈们先从味道寡淡涩苦的食物开始添加。原因很简单：刚刚开始接触固体食物的宝宝们，味蕾对于这类味道还不敏感，不会尝到后立刻觉得不好吃。因此，趁着他们对这些不敏感，先让他们习以为常，接纳这些食物，并且形成习惯，我们的目的就达到了。

这类食物包括：胡萝卜、菠菜、萝卜、芥菜等。请相信，对于这类有特殊味道且味道相对不够香甜的食物，此时添加会比 7~8 个月以后添加更容易成功。人类味蕾的发育过程是先天就爱甜口味。味蕾对于甜味的敏感是先于其他任何味道的，吃完甜的，很容易就对比出"不甜"的味道了，所以，要想宝宝以后不挑食不偏食，还是要顺应发育阶段的特点。这也是为何我们会建议不要着急添加水果，无论是 4 个月还是 6 个月添加固体食物，水果的尝试都应该被安排在宝宝满 6 个月以后。否则，吃惯了甜香蕉、甜苹果的宝宝，如果拒绝没有甜味的菠菜，一定会被家长怪罪为"不爱吃菜"的，事实也会逐渐发展成这样。

●不要太素，更不建议全素

出于对动物性食物品质或安全性的担心或对人体长期健康的考虑，再或者出于宗教信仰等原因，很多家庭会想当然地让宝宝的饮食偏重于素食、低脂，也就是除了奶类，其他固体食物的制作和添加过程都严格无油低脂，肉类都是纯瘦的，甚至不给宝宝添加肉类乃至蛋类。

如果有必须坚持的原因，请家长在制作固体食物时，每天额外加 5~10 克植物烹调油。因为，宝宝对膳食脂肪的需求度是远远高于成年人的。脂肪对于宝宝的意义不仅仅是用来供能，它还参与宝宝快速生长发育过程中身体的构建，提供必需脂肪酸——脂肪中的磷脂和胆固醇是人体细胞的主要成分（脑细胞和神经细胞中含量最多），一些固醇则是制造体内固醇类激素的必需物质，并且，脂肪的存在是脂溶性维生素吸收的保障。缺乏足够量的脂肪，会让已经出现问题的皮肤和黏膜修复能力降低……

饮食缺乏油脂，是很多小宝宝体重增加缓慢的原因。这样的宝宝，往往同时也伴随着皮肤较干、湿疹难愈等表现。所以，如果实在不能接受给宝宝吃些肥瘦相间、带有动物脂肪的食物，就请稍微加一点点植物油吧。

●给 1 岁以内宝宝制作的固体食物，请原汁原味

不要添加糖、盐等调味料。

世界各国的宝宝辅食添加指南都在强调，在给 1 岁以内的婴儿准备辅食的时候，不要添加任何调味料，如糖、盐、含盐酱料等。

各种食材本身含有钠盐，不管是动物来源还是植物来源，这些钠的量已经可以满足宝宝每日的需求。也就是说，额外添加意味着超量，有可能给他们的肾脏及血压带来不利影响。我国某项婴幼儿营养调查数据显示，0~36 月龄的婴幼儿中，有 80% 的宝宝钠摄入量超标。

额外添加的糖、盐等会遮盖食材本原的味道，让宝宝因为甜、咸的"重口味"

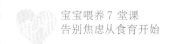

而将口味逐渐升级，导致嘴越来越挑剔，越吃口味要求越高……对淡味的食物容易拒绝或没有浓厚兴趣，继而成为家长眼里的"挑食偏食"。

特 别 提 醒

含盐的调味品，不仅限于食盐，还有以下这些容易被忽视的调味料：甜面酱、酱油（包括宝宝酱油）、生抽、老抽、沙茶酱、沙拉酱、非现磨的芝麻酱/花生酱、鱼露、味精、鸡精、蘑菇精等。

各种用动物食材熬炖的汤中都有可溶出的钠盐，比如鸡汤、鸭汤、排骨汤、鱼汤、虾皮紫菜汤、牛尾汤等。

所以，请不要用这些汤给宝宝制作辅食，对肾脏功能和味蕾健康都无好处。

对于 1 岁以上的宝宝，家长们除了依旧牢记"少糖低盐"的要求，还请记住一句话："要想甜，有点儿咸。"所以，也请不要忽视一些甜味的加工食品，或者购买之前请仔细阅读配料表，确定里面少糖低盐，比如果酱、番茄酱等。

宝宝添加肉类食材有技巧

之所以要把肉类辅食单独列出来说，是因为在临床中看到了太多的"肉食焦虑族"。一说到吃肉，家长就一脸愁容，无论怎么努力改善自己的烹调手艺，都无法引起宝宝的兴趣。

质地较为粗硬是肉类辅食加工的难题和硬伤，添加难度远远高于米面类，因此，不少家长会在"塞牙难咽"的现实面前败下阵来，要么选择肉松或成品肉泥，要么就干脆少吃甚至不吃。

●宝宝真的不爱吃肉吗

其实很多时候宝宝不爱肉并非真的不喜欢，只是他们还没有学会或没有适应肉的口感而已。家长们在添加肉类前就已经开始焦虑，怕宝宝噎着是绝大多数家长，尤其是祖父母担心的问题，这就好比因为怕宝宝摔跤而不让他走路一样。用"因噎废食"来形容这种焦虑和阻拦，是再恰当不过的了。

所以，请家长牢记，不要放弃给宝宝添加肉类辅食，除非是以下两种情况。

宝宝对某种肉过敏：他吃了以后会有明显的消化道或皮肤等器官的不舒服。

宝宝对某种肉有心理抗拒：因为一两次不愉快的进食经历，让他从心理上就认为这是一种会让他有"不安全感"的食物。否则，大多数情况下只是大人没有掌握好食物质地的进阶进度；大人没有细心研究如何制作肉类辅食；大人因为担心宝

宝噎着而放弃再次尝试；大人以为宝宝把肉渣吐出来是因为他们不喜欢味道，实则是他们喜欢味道，只是咽下去十分困难。

小贴士 ——————————————————————————————

　家长们并没有"错"，只是误解或者是没有经验而已。所以，做错了不怕，纠正就好。

●肉类辅食能给宝宝带来怎样的营养保护

　　肉类食物中"首当其冲"的营养素是蛋白质，瘦肉中含有大量的优质蛋白质，组成这些蛋白质的氨基酸种类全面且数量多，包括了宝宝生长发育所必需的氨基酸的种类。肉类中氨基酸的比例恰当，接近于人体的蛋白质，容易消化吸收。

　　肉类中含有一定量的脂溶性维生素 A、维生素 E、维生素 K 等，同时含有维生素 B_{12}、叶酸、泛酸等水溶性维生素，这些都是宝宝成长发育过程中不可缺少的营养素。肉类中的铁、锌等矿物质在人体中的吸收和利用率非常高，尤其是对于 4~6 个月容易出现生理性贫血的宝宝而言，是快速补铁的优质食物来源。由此可见，肉类辅食应当作为婴幼儿食物组成中重要的一大类。

　　需要提醒家长一件事：肥肉不等于肉，肥肉是脂肪，部分家庭在给宝宝添加肉类的时候，单纯添加肥肉而不添加瘦肉，原因是宝宝不爱嚼瘦肉，但是肥肉就咽得很好，也很爱吃。参照前面提及的如何让宝宝爱上吃肉，想必家长应该明白只添加肥肉的做法并不可取，因为肉类的上述营养价值主要来自于瘦肉。只吃肥肉，不仅得不到这些营养保护，还过多地增加了膳食脂肪的摄入，让一部分宝宝体重增加超标。所以，正确的做法应当是肥瘦相间，以肥少瘦多为宜！

应该如何添加呢？先加哪种肉？

辅食添加初期的宝宝，他们出牙不多，咀嚼和吞咽能力尚待培养，消化能力还较弱。因此，就肉的纤维粗细、质地细嫩程度而言，鸡小胸肉和猪小里脊肉毫无疑问是最好的选择。并且，猪肉是在各种肉类中最不容易引起食物过敏反应的，其次是鸡肉，这对于有过敏风险的宝宝而言相对更为安全。

在以上两种都成功添加以后，可以尝试牛肉、鸭肉等其他畜禽肉类。待宝宝七八个月后，可以开始添加动物肝脏，建议先从鸡肝、鸭肝开始，它们质地细腻，更不容易被宝宝拒绝，且属于成长期短的动物，肝脏中的代谢毒素相对更少，更为安全。

小贴士 ————

如前所述，除非宝宝超重，否则，是可以在瘦肉里掺入一点点肥肉的。注意是"掺入"而不是分开添加。这是因为肥瘦相间营养更均衡，也有利于提供热量，帮助脂溶性维生素的吸收。肥肉更"香"，口感更细腻润滑，跟瘦肉一起做成泥或馅，会让宝宝觉得更容易吞咽，味道上更有吸引力。

●宝宝不爱吃肉怎么办

绝大多数宝宝拒绝不了肉的鲜美，不爱吃往往是因为质地不够细嫩，吞咽有异物感，留下了不舒服的感觉。或者觉得肉有腥味，再或者如同其他辅食一样，添加时需要尝试多次才能成功。

为了将肉做得更加细嫩，可以在炖肉的时候加入一两颗山楂和一点点姜片，有助于去腥并让肉更软烂。或者用高压锅炖肉，也能做得很烂。最初添加的质地应为肉泥，可以用料理机或碾钵将炖好的肉处理成泥糊样。随着宝宝咀嚼吞咽能

力的加强，可以用保鲜膜包住小块的肉，再用擀面杖或刀背将肉碾成略有纹理颗粒的质地。

●肉类辅食添加的注意事项

1 岁以内宝宝的辅食，不要加盐且尽量不加增味的调料。尤其是肉类，前面提到过，本身就含有一定的钠元素，吃起来就是"有味儿"的。

有些家长喜欢用肉汤给宝宝做粥面等辅食，这种做法是绝不提倡的。肉汤中有较多溶出的钠盐，对健康口味的培养无益。此外，肉汤大多"油汪汪"的，且只含有很微量的氨基酸，因此，不仅没有达到补充蛋白质的目的，还因为摄入大量脂肪而让宝宝消化负担加重、体重增加过快。

喝汤不等于吃肉，后者才是正事，切记！

水果要适龄适量添加 5

　　水果，提到这两个字，大脑中跃然而出的是色彩纷呈的家族成员们以及它们散发出来的香气。更不要说一口咬下去后，香、脆、甜、酸、糯等各种口感所带来的身心愉悦了。

　　各大搜索引擎随便输入"水果营养价值"六个字，出来的必定是糖、维生素 C、钾、有机酸、膳食纤维等词条。对于单种水果的介绍，很多篇章还会强调富含蛋白质、锌、铁、钙等元素……说实话，如果缺乏营养学常识，老百姓们看到这些诱人的营养描述，是很难抵御诱惑的。再加上在环境污染日益严重、癌症和代谢性疾病高发的当今社会，各路专家一直反复强调"增加新鲜水果蔬菜的摄入"，以"防癌抗癌"、降低心血管疾病及癌症的发生风险。水果，在老百姓心中的意义已经不仅仅是"好吃"两个字那么简单了，尤其是在上了岁数的长辈眼里，水果 = 健康。

　　那么，水果对于健康的意义究竟如何呢？答案是：合理摄入的时候，确实对健康十分有益；不合理摄入的时候，就要当心，很可能带来隐患。

　　我这么说，并非危言耸听。若水果添加得不合理，对于宝宝而言，往往是两种结局：太胖或太瘦。

　　首先，我们来看看对于宝宝而言，水果怎样吃才算"合理"？

　　《中国居民膳食指南 2016》中推荐选择新鲜水果、蔬菜作为零食，果汁被列

入了限制食用的零食范围，且有明确指导：家里常备白开水，提醒孩子定时饮用，家中不购买可乐、果汁饮料，避免将含糖饮料作为零食提供给儿童。

2017 年 5 月，美国儿科学会特别发表政策性声明，提出：婴儿在满 1 周岁之前，不可以饮用任何形式的果汁，无论是鲜榨汁还是市售果汁。所有的水果都应该以果泥或符合宝宝月龄的片 / 块的形式喂给宝宝，且水果的添加应从宝宝满 6 个月开始。

即便是宝宝满 1 周岁了，也不建议给他喝未经灭菌的鲜榨果汁。如果要给宝宝喝果汁，一定要是经过巴氏灭菌的果汁，且应当限量，即：

1~3 岁，不超过 120 毫升 / 天；

4~6 岁，120~180 毫升 / 天；

7~18 岁，240 毫升 / 天。

美国儿科学会更新指南的原因是出于对以下问题的考虑：肥胖、龋齿、营养失衡、营养不良；果汁 - 药物相互作用；因几种糖的吸收不良而导致婴幼儿腹泻；微生物安全隐患；部分水果会引发过敏。

《澳大利亚膳食指南》中婴幼儿及儿童的水果推荐摄入量为：

1~2 岁，0.5 份；

2~3 岁，1 份；

4~8 岁，1.5 份；

9~18 岁，2 份；

1 份 =150 克。

那么，这些份数的水果里含有多少糖呢？

我们参阅《中国食物成分表 2002》《中国食物成分表 2004》《营养配餐和膳

食评价实用指导》、美国食品营养数据库、悉尼大学食物血糖指数查询网站，以及我国台湾、香港地区的各大糖尿病相关网站等的数据，对常见水果的含糖量及热量做了粗略的比较（见下表，各来源的数据有差别，所以只供粗略参考）。

常见水果的含糖量及热量（每100克果肉）

食物	含糖量 / 克	热量 / 千卡
柚子	9.1	42
樱桃	9.9	46
葡萄柚	6.6	40
柠檬	4.9	37
木瓜	7.2	29
李子	7.8	38
草莓	6	30
杨桃	6.2	31
香瓜	5.8	26
鲜桃	10.9	51
火龙果	11.3	51
番石榴	8.3	53
西瓜	5.5	26
苹果	12.3	54
柳橙	11.5	48
梨	10.2	50
哈密瓜	7.7	34

续表

食物	含糖量 / 克	热量 / 千卡
葡萄	9.9	43
杏	7.8	38
奇异果	13.6	56
柑	11.5	约50
蓝莓	14.16	57
橙子	10.5	48
狝猴桃	11.9	56
菠萝	9.5	44
芒果	12.9	32
柿子	18.1	74
凤梨	12	44
桂圆	16.2	71
熟香蕉	19	93
椰子	26.6	241
芭蕉	25.8	115
淡黄色无籽小葡萄	46	约40
大枣（新鲜）	28.6	125
葡萄干	81.8	344
牛油果	5.3	161

注：这只是 100 克水果的热量和含糖量，而我们很多家庭给孩子吃的水果量是远超出这个量的。

那么，为什么家长会如此重视水果呢？因为它确实有一定的营养价值！

水果是膳食中钾、维生素 C、果胶和类胡萝卜素、花青素、原花青素等抗氧化物质的重要来源。由于水果不需要烹调，食用不需要加盐，所以它们是高钾低钠的典型食物代表。吃完整的水果有助于增加饱腹感，水果中的膳食纤维有帮助大便松软和通便的作用。

只是，再好的食物吃起来也要有度，特别是对于低年龄的宝宝而言，他们的胃容量是有限的，一旦被一类食物占了太多的地方，其他食物势必"挤不进来"。相比于三顿正餐，水果是"营养密度"低的食物，绝不比五谷杂粮和肉蛋奶的营养密度高。所以，让这些营养密度高的食物给低的食物"让位"，是得不偿失的。

"可以不占地方，可以不影响正餐，榨汁喝不就两全其美了？"——相信会有一部分家长给我这样一个"完美"的建议。但是，果汁等同于把水果里的糖分浓缩了，会让宝宝摄入更多的糖和热量。并且，水果在打成汁后，抗氧化物质和维生素 C 会有一定量的损失；膳食纤维损失较严重，饱腹感大幅度下降。因此，各国膳食指南都会强调食用完整的水果。

如果宝宝存在咀嚼和吞咽能力不足的情况，怎么办？可以喝果汁吗？答案是可以，但是，不是无限量的。《美国膳食指南》中指出：儿童每日摄入的 100% 果汁应不超过 4~6 盎司（约 118~177 毫升），否则会影响健康体重。

说到这里，不得不提一下有关水果的添加和食用常见的几个误区。

误区 1：果水、果汁、果泥含维生素多，一定要尽早添加。

解误：很多家长在为宝宝选择早期辅食的时候，都将水果列在了蔬菜的前面，少部分家庭甚至将水果作为宝宝的第一口辅食。原因是水果含维生素 C,可以增强免疫力。

我认为，家长们高看了维生素 C "增强免疫力" 的作用，低估了维生素 C 以外的其他诸多营养素和肠道微生态环境对身体免疫的调节作用。

措施：我们对于辅食添加顺序的建议是市售婴幼儿配方米粉或者肉泥和菜泥作为第一口固体食物，此后，先添加味道相对寡淡的蔬菜，然后才是味道更香甜些的菜和水果。

误区 2：宝宝不喝没味的水，不爱吃粮食、蔬菜，多吃水果、多喝果汁可以帮助补充不足。

解误：宝宝在 12 个月之前并不需要果汁来满足他们的营养需求，一定量的白水足以帮助宝宝维持良好的消化功能。水果类辅食糖分含量高，易使宝宝摄入额外的热量而增加体重，还会增加龋齿的发生风险。此外，宝宝的味蕾相当敏感，所以，还是那句话：过早接触 "甜" 的食物会让他们对甜味产生依赖性，容易导致他们不愿接受蔬菜的寡淡味道。

措施：白水是宝宝最好的 "饮料"，宝宝大便不好的时候可以适当增加点菜泥。

误区 3：水果是宝宝健康的安全守护者。

解误：水果家族中，也有能让宝宝发生食物过敏的品种，特别是对于 1 岁以内的小婴儿。此外，一些水果汁中含有较多的果糖和山梨糖醇成分（尤其是梨汁、苹果汁和葡萄汁），一部分宝宝的肠道不能完全吸收这些成分，容易造成腹痛、腹胀和腹泻，这也是 1 岁以内婴儿禁止喝果汁的原因之一。

说了这么多，还要提前或超量给宝宝吃水果吗？我想，你心中应该已经有了明确答案！

成品辅食购买请纠结到点儿上

6

在宝宝辅食添加初期，不少年轻的父母都会选择购买市售的成品辅食，以弥补自己厨艺欠佳和时间不够用的缺憾。如此一来，怎么选、如何买，成了件相当费神的事情。抓住几个要点，选购辅食就没那么纠结为难了。

第一，请不要纠结于进口还是国产。

其实，想通了这一点，基本上就等同于解决了一半的问题。

曾经，婴幼儿配方奶粉的质量问题让很多妈妈的安全感严重缺失。事实上，"纯进口"的婴幼儿配方奶粉及食品都是在国外生产并销售的，其目标人群是当地水土"培养"出来的婴幼儿，而非中国宝宝。因此，各生产厂商会遵循他们国家的婴幼儿配方奶粉及食品的生产标准来制造加工，以适应这个国家大多数婴幼儿的营养需求。而标准的制定，会将地域和人种特点等很多因素考虑在内，比如国民的饮食结构、土壤及水中的营养素含量等。

举个例子：美国人民的饮食结构中，红肉的比例相当高，因此，孕妇缺铁和贫血的发生率低（中国非常高），宝宝出生后的铁储备较中国宝宝好。那么，在美国本土生产的、销售给美国宝宝的婴儿配方米粉中的铁含量也会与我国有所不同。

再比如，日本孕妇饮食中海产类较多，碘的摄入量高，宝宝的碘需求量、经母乳获得的碘量自然跟中国宝宝不同，婴幼儿配方奶粉和食品中的碘含量相应会比中国低。

来自国家食品安全风险评估中心的数据，曾以某澳大利亚品牌的奶粉为例，证明了上述差异的存在：该品牌的配方奶粉，在澳大利亚、新西兰销售的版本与出口给中国的相比，花生四烯酸（ARA）、钾、锰、铜、硒、维生素 K、泛酸、胆碱、肌醇、牛磺酸等 14 种营养成分，存在不同程度的缺少或明显含量偏低，其他多种营养成分含量也不及在我国销售的版本。这就是源于各个国家人种体质的差异，喂养方式不同，国家标准不同。

此外，欧美国家对膳食纤维的摄入量格外重视，因为那里成人的饮食结构充斥了太多高糖高脂的快餐，孩子们也多少受到影响。因此，他们的婴幼儿辅食会更侧重于膳食纤维丰富、高蛋白、低脂肪的品种。但是，就中国人的饮食结构而言，绝大多数家庭还是以植物性食物为主体，并不像欧美国家那样饮食中的脂肪和蛋白质含量那么高，在给宝宝安排和选购辅食的时候，必须将这一点考虑在内。如果家庭自制的食物已经含有较多的膳食纤维，就没有必要再给宝宝过多地安排"全谷类"粗杂粮食品了，太多的膳食纤维也会影响肠道功能和一部分营养素的吸收。就脂肪而言，宝宝经其他途径获得的脂肪如果不多，就不要再执着于低脂辅食了，以免影响生长发育。

第二，比较同类产品的口碑。

如今是互联网经济的时代，几乎所有的信息都可以从网络上获取。各大母婴论坛和社区上，总有热心的妈妈们分享有关养儿育女的一切，这其中必然包括婴幼儿配方食品的品质比较和口碑优劣。

诸如这种辅食受不受众位妈妈的欢迎、宝宝喜不喜欢味道、吃了以后有没有不适反应等这类问题的答案，都能从这些渠道或身边的妈妈们那里获得。

选购大家普遍青睐的品牌，至少就品质而言会相对放心一些。

第三，了解品牌背景。

根据第二个要点了解到了某种辅食的口碑，可以推而广之，或许这个品牌的其他产品也可以考虑。这时候，对企业背景和发展情况做一些功课，绝对有助于你深刻了解产品质量。企业的规模决定了旗下产品的品质，历史越悠久、规模和技术力量越雄厚、在同类企业中排名越靠前的品牌，越注重产品质量（这是企业发展的核心）。所以，产品的配方也会更科学，生产线会更先进，原材料的质量监控也会更严格——以确保产品质量更有竞争力，从而能够吸引更多的消费者，获得更大的市场。

第四，根据实际需求选购。

根据宝宝的饮食结构和年龄特点来选购，虽然第二条提到了可以跟随大家的口碑选购，但不意味着大家都买的，你的宝宝也一定需要。口碑好坏，只是为了帮助你找到质量和口味水平不低的品牌，一旦具体到内容，一定要基于自己宝宝的需求。

例如，别人的宝宝是母乳喂养，铁的营养状况就需要被加倍重视，而你的宝宝是配方奶粉喂养，或许不需要担心铁不足，就没有必要什么辅食都要顾及铁的强化。再比如，自己的宝宝吃的是已经添加了DHA的配方奶粉，就没有必要在辅食上也要强化DHA，摄入过多并非就是科学的。

对于辅食的添加进度已经到了颗粒，甚至是小块食物程度的宝宝，泥糊样食物就可以退出历史舞台了，完全不用再考虑了。对于手指食物可以通过自己制作馒

头片、水果条来得到满足的宝宝，又何苦非要让他接触加工食品呢？省钱又天然安全的事情，何乐而不为呢？

第五，避开这些误区。

多种营养强化未必就好。缺则弥补，不缺何必补？补多了，要么干扰其他营养素的吸收，要么导致某些营养素的需求量跟着上涨，就好比一双筷子本来是搭伴合作，结果其中一支莫名被增长了，另外一支就显得短了。除了铁、维生素 D 是在某个阶段一定要被重视的，其他的还是请咨询一下专业人士再考虑是否需要吧。

添加的内容多，会影响食品的成本和售价，如果花错钱补错量，那可真是太不值了！

味道好，宝宝才爱吃。味道好，要看是什么食品，如果是水果类，那是天然味道甜，但是如果是食材应该寡淡或者偏苦涩的，做成成品后反而味道好了，那就要看看产品配料表里有没有诸如香精、麦芽糊精这样的添加剂了。对于小宝宝而言，一定是天然的更好。再说了，味道好，会不会在辅食添加的味觉敏感期影响那些味道一般的食物的接受度呢？所以，接近原味的才是真的好，我们本来希望宝宝培养的，不就是健康的饮食习惯和少些"异常"的口味建立吗？

不是只有蔗糖才叫糖。我们常常会在一些食品上看到被特别强调出来的"不含蔗糖"的字样，但是，当我们认真核对产品配料表时，往往会发现有诸如葡萄糖、麦芽糖等其他添加糖，同样会有额外制造出甜味和热量的作用。

纠结，每个人都会有，尤其是在为宝宝做选择的时候。可是，纠结不当，又何尝不是一种失误呢？所以，不要浪费时间纠结，省下来陪宝宝多玩一会儿吧！

零食新主张：美味健康总相宜

7

不知道从什么时候起，"零食"这个词开始变得贬义含量大于褒义含量，或许是人们把这个词跟"休闲食品"视为等同了。后者是指"吃着玩"的小食品（注意，既然是食品，就一定是加工类的），比如膨化食品、糖果、干果等，大多是在无聊时打发时间的食品。

而零食的概念是：通常是指一日三餐这三个时间点之外的时间里所食用的食品。也就是说，除了一日三餐被称为正餐食物外，其余的一律被称为零食。所以，"零食"跟进食的内容和种类完全没有关系，只跟在什么时间点吃有关系。比如，面食对于北方人而言基本是当作主食的，而对于南方人而言，面食还会出现在三餐之外，经常被当作零食食用。

当家长们弄清楚零食的范畴后，应该就不会再纠结于"吃还是不吃"了。其实，让妈妈们困惑的核心问题不是该不该吃零食，而是吃什么、怎么吃？很多妈妈不敢让宝宝吃零食，主要还是担心太多的零食会影响正餐摄入或导致营养失衡。

针对这个困惑，我们来看看权威机构的意见。《中国居民膳食指南 2016》中对宝宝们的零食是这样建议的：幼儿饮食要一日 5 ~6 餐，即一天进主餐 3 次，上、下午两主餐之间各安排以奶类、水果和其他稀软面食为内容的加餐，晚饭后也可给予加餐或零食，但睡前应忌食甜食，以预防龋齿。

正确选择零食品种，合理安排零食时机，则既可增加儿童对饮食的兴趣，且有利于能量补充，又可避免影响主餐食欲和进食量。零食应以水果、乳制品等营养丰富的食物为主，给予零食的数量和时机以不影响幼儿主餐食欲为宜。应控制纯能量类零食的食用量，如糖果、甜饮料等含糖量高的食物。鼓励儿童进行适度的活动和游戏，有利于维持儿童能量平衡，使儿童保持合理的体重增长，避免儿童瘦弱、超重和肥胖。

所以，零食不仅要吃，还要好好吃，因为，好的零食会给宝宝的全面健康加分。原因如下。

孩子们的胃容量有限，一日仅三餐易让他们过饱或过饥。

选择健康的零食作为加餐，既能为宝宝补充能量损耗（特别是对于活动量大的宝宝），又能培养宝宝自己吃东西的技能及习惯。

可以缓解因配方奶粉的逐渐减量而给宝宝造成的心理压力，减少因口欲得不到满足而出现的吃手、咬玩具或衣物等不良习惯。

那么，怎样的安排，才能保证零食的健康呢？这包括了以下几个方面的因素。

年龄：宝宝能够正常进食三餐的时候就可以规律性地添加零食了。一般而言，1 岁以上较为适宜（如果宝宝辅食添加得非常顺利，那么可以从 10 月龄时开始尝试）。

食量：小就行，体积小，是保证零食不影响正餐的关键，不管这份零食的营养密度如何、含水量如何，体积一大，必然占据有限的胃容量，就不符合"零食"的定义了。

种类：好消化。如果都是高蛋白、高脂的，需要很长的胃内消化时间，同样影响正餐。

时间：最好固定在两次正餐之间，如上午 9:30~10:00，下午睡醒觉后、晚餐前 2 小时左右，如下午 15:00~15:30。

次数：避免频繁吃零食，不要让宝宝养成"嗜吃"零食的坏习惯及增加龋齿的发生风险。

行为：要像吃正餐一样，认真吃零食，培养正确卫生的进食技巧、良好的饮食习惯和餐桌礼仪。躺着吃、边玩边吃、不洗手就吃等不良习惯都会让健康的零食变成"垃圾食品"。

那么，重点是：什么样的零食是健康美味两相宜的呢？

零食可分为三类：原材料零食、初加工零食、深加工零食。对于宝宝而言，好的零食，其"核心价值观"应该是"回归传统"——尽可能选择纯天然原材料零食或者家庭自制的初加工零食，尽可能避免深加工零食。

我心目中符合"健康又美味"标准的宝宝零食，应该满足低盐、低糖、低添加剂的原则，多为新鲜原材料零食，举例如下。

酸奶、奶酪。它们是最佳的宝宝零食，富含钙、磷、镁、铜等矿物质以及蛋白质、脂肪和维生素 B_1、维生素 B_2，蛋白质经过了乳酸杆菌等有益菌的发酵，更容易被吸收，且这些有益菌还能帮助调理宝宝的肠道，应为首选。应选择凝固型酸奶，而非含奶少、含糖高的乳酸菌饮料或 AD 钙奶等。低脂奶酪比全脂奶酪更易消化，是嗜吃奶酪的宝宝的优选。奶酪最好与一小片面包或馒头片搭配着吃，营养更均衡。另外，奶酪热量高，胖宝宝不宜多食。

配方奶。可以作为 2 岁以内的宝宝午觉睡醒之后的加餐，营养和水分的补充同时完成，但是量不宜太多，以免影响正餐食量。

新鲜蔬菜与水果。没有什么是比新鲜的蔬菜和水果更富含维生素 C、膳食纤维、各种免疫增强因子的。妈妈们需将新鲜成熟的胡萝卜、黄瓜、苹果、哈密瓜、草莓、西瓜等切成小块或小片，便于宝宝用手指捏起来自己进食，这样，在补充营养的同时还可锻炼宝宝自己拿东西吃的技能，以及对蔬菜和水果的兴趣，一举多得。但是，千万要洗净小手才能抓着吃！

小贴士 ————————————————————————

自制果蔬沙拉——用油醋汁或酸奶代替沙拉酱更加健康；也可以把什锦水果碎丁加入酸奶中，让酸奶的味道和营养都锦上添花！

黄瓜等味道淡的蔬菜条，可以试试蘸食芝麻酱，更易被宝宝接受。

原味小面包。2 岁以内的宝宝宜选用松软的切片吐司面包、奶香小餐包类，切成手指大小的条状以便宝宝咀嚼。2 岁以上的宝宝可以选用杂粮面包或者全麦面包，以帮助他们摄入更多的膳食纤维和 B 族维生素。

什锦干果。3 岁以上的宝宝可以在家长的监督下（避免误吸），适当吃一些花生、瓜子、核桃、杏仁等坚果，搭配少量真空包装的葡萄干、杏脯等不加糖的天然果脯，营养更均衡。

自制小点心。

营养小饼——无论是红薯、土豆、玉米、芋头还是山药（都需先蒸熟），甚至是米饭，都可以作为制作小饼的原材料，少量加些面粉、调料、生鸡蛋调匀，还可以加入肉泥、虾蓉、碎菜等，用少许植物油将两面煎至金黄色即可，无论是直接食用还是蘸酱吃，都是宝宝的最爱。

糕糕团团——自制的小豆沙包、小窝头、紫米糕、枣发糕、果料发糕、什锦饭团（豆沙、枣泥、水果、蔬菜、鸡蛋、红薯、奶酪、虾米等都可以做成饭团的馅料）。

美味三明治——一小片面包，切两半，随意搭配花生酱、芝麻酱、番茄沙司、果酱、果蔬片、小奶酪、煎蛋等，用保鲜膜包好以便宝宝拿着吃。

夹心饼干——用2小片无糖苏打饼干、非烘烤蛋卷、自制馒头干等作坯，按照上述三明治的做法制作夹心料即可。自制夹心料基本不含添加剂及有害健康的氢化植物油，从色、味、营养等方面都优于市售产品。

杂粮什锦——蒸或烤后去皮的红薯、土豆、南瓜、芋头、玉米等固体食物，以及杂粮粥、绿豆沙、营养谷物圈、营养麦片、燕麦牛奶羹等粥羹类。

香甜布丁——自制的蛋奶布丁、水果布丁等，含糖少且富含蛋白质，比糕点店中卖的更健康，同时不会像果冻那样存在被误吸入气管的危险。

健康汤羹饮品。豆浆、自制果蔬鲜榨汁、南瓜百合羹、牛奶玉米汁（需要煮熟、过滤）、绿豆沙、菊花水、山楂水等，都是优于瓶装饮料的健康饮品（注意：自制饮品尽量少放任何形式的糖或蜂蜜，因为这些甜甜的成分对饮食习惯的培养和牙齿健康都不利）。

不过，需要提醒家长：水果和蔬菜最好选择用"吃"的形式，而非"喝"，这样才不会流失膳食纤维和一部分维生素。

说到底，零食健康与否，其实是对家长烹调手艺的一大考验，不过，这不也正是"家"的意义吗？食物要陪伴我们一生，多在上面花些精力，绝对是值得的。

手指食物很有必要

8

手指食物，对于受中国传统饮食文化熏陶的妈妈而言，并非常见概念，那么，到底什么是手指食物？宝宝与手指食物应当建立怎样的关系呢？希望下面的内容能带给妈妈们一些实用的知识。

●什么是手指食物

如果您觉得"手指食物"就是形状像手指那样的长条形食物，那可就错了。很多妈妈之所以未能成功给宝宝添加手指食物，恰恰是因为误解了这个名称的含义，导致因使用不当而未能成功给宝宝添加，进而错过了喂养时机。

手指食物其实是指宝宝能自己用手指捏起来送到嘴里吃的"有型有块"的食物。所以，不是只有磨牙饼干、黄瓜条、胡萝卜条才是合格的手指食物，任何固体的、能被切成片状或块状的、用手指捏起来不会散的食物，都属于手指食物。

●何时开始添加手指食物

正常发育的宝宝，在 7 个月末 8 个月初的时候，手部的精细动作渐渐发展得更加自如，到 9 个月的时候，已经能用拇指与食指指端去捏取小物品如糖球、饭粒等。因此，8~9 个月的时候，就应当开始给他们添加手指食物了。

传统印象中的手指食物非磨牙饼干莫属，于是，如前所说，任何形状类似磨牙饼干的食物，都可能被家长拿来尝试。但是，家长一定要注意一点：磨牙饼干是能被宝宝用牙床慢慢磨碎的，胡萝卜条可就不行了！切记：不要一上来就给宝宝条状的、需要他去"咬断"的食物，如黄瓜条。不同宝宝的出牙速度不同，如果宝宝的门牙还没出或者刚萌出，他尚不具备用门牙切断食物的能力，太过于具有挑战性的"长条"手指食物，有可能无法胜任。如果一开始就没成功，小家伙肯定会有挫败感，下次再给他类似的食物，就未必能有信心和耐心去配合了。

那么，什么样的手指食物是符合要求的呢？最初的手指食物必须是类似磨牙饼干的食物：质地柔软、能在嘴里含化、不易导致呛咳、方便宝宝用牙床"碾碎"后吞咽、略大块，如烤面包片、蒸软的土豆块等。待宝宝适应后，就可以过渡为切成大小合适的片状或块状、一口大小的食物了。随着宝宝月龄的增加、咀嚼能力的增强，手指食物则慢慢过渡到有一定硬度的、脆的、需要稍加咀嚼后再吞咽的食物。

在向成人化饮食模式过渡的过程中，宝宝必须学会"嚼"。泥糊状食物一来无法锻炼此能力，二来营养密度过于稀薄，无法满足日益增加的生长发育需求，三来无法继续满足出牙后宝宝的饮食心理和生理需求。因此，手指食物是宝宝从泥糊状食物向成人饮食过渡的必经阶段。更有"嚼头"的手指食物有助于训练宝宝的咀嚼能力、对新食物的接受能力、进食技巧和自己动手吃饭的意识。并促进宝宝面颌、牙齿和消化系统的正常发育。

小贴士 ——————————————————————————————

错过了手指食物添加期的宝宝，不容易顺利接受碎菜碎肉类食物，往往会长期停留在泥糊样食物。等到1岁左右，弊端尽显——营养摄入不足、生长发育缓慢甚至停滞，无法顺利进入成人化饮食模式。

●哪些食物是合格的手指食物

建议妈妈先从熟透的手指食物入手，逐渐进阶至"脆生生"的，举例如下。

熟透的、软软的、去皮后的水果：香蕉、桃子、西瓜，蒸熟的苹果、梨等。

煮软了的蔬菜：胡萝卜、土豆、红薯、白萝卜、西蓝花、菜花、西葫芦、芦笋、黄瓜等。

蒸煮软烂的谷类食物：熟面条（包括意大利面，切成长短合适的小段）、薄薄的馒头片、面包片（去掉四周的硬边，只用中间软软的部分）等。

市售的婴儿谷类：磨牙饼干；椭圆形的片状谷物，如玉米片、米片等。

豆腐：蒸熟的北豆腐块等。

肉类：煮得很嫩、切成小薄片的肉（如鸡胸肉、猪里脊肉、鱼肉等）。

●添加手指食物需要注意的问题

由于手指食物多为片状或小块状，为了避免出现呛咳、误吸等问题，在给宝宝吃这类食物的时候，一定要有大人在旁边监督，绝不能粗心地丢给宝宝单独食用。同时，千万不要在宝宝吃的过程中逗他们说笑。

一定要让宝宝坐着吃手指食物，其他姿势会增加呛咳的风险。

宝宝刚开始接触手指食物的时候，会如辅食添加初期一样有个适应过程，偶尔的噎着或呛着有可能让他们产生恐惧或畏难心理，进而增加接受的难度。家长不要操之过急，一种一种来，给予宝宝足够的耐心和鼓励。

家长如果能在宝宝吃之前先示范给宝宝看怎么吃这种食物，他们一定会因此增加安全感和好感，有助于迅速接受。

另外，添加手指食物的同时，不要停止泥糊样食物的添加，而是要穿插进行，随着宝宝接受程度的提高改变这两类食物的比例。骤停泥糊样食物会导致饮食紊乱和营养摄入不足。

手　指　食　物　小　范　例

烤胡萝卜条

○营养：丰富的胡萝卜素为视力和呼吸道健康加分，果胶还有利于软化大便。

○做法：将胡萝卜切成条状，煮至表面凹陷，刷上一点食用油后用微波炉或烤箱烤至柔软，用叉子捣烂，滚成小球状手指食物。

西蓝花土豆球

○营养：丰富的胡萝卜素、钙、抗氧化营养素、糖分、膳食纤维等，是极其健康的食材。

○做法：把西蓝花的菜茎和土豆一起煮，直至西蓝花不再发硬、土豆可以碾碎，这个柔软度就很适合小宝宝食用了。再将二者混合后碾碎，滚成小球状手指食物。

豆腐块

○营养：富含钙、优质蛋白，为骨骼健康加分。

○做法：将婴儿即食谷物碾碎，放在碗里，豆腐蒸熟切成小块，放入谷物碎里打个滚，就做好了。

钙铁锌硒维生素，外加"健脑"明星 DHA，那些你所关心的"补什么、补不补"，在本堂课中都能找到科学的回答。

比"怎么补"更重要的是，"要不要补"？而这最重要的一点，恰恰是很多家长最需要补课的。同样需要大家认真补课或学习的还有：正确辨别和解决宝宝的"不爱吃"与"挑偏食"，赶走全家人心里的乌云。

第 五 课　　○　正确对待膳食补充剂

补铁之前，你需要替宝宝了解这些 *1*

医生：“孩子贫血，需要补铁。”

家长：“啊？严重吗？怎么补？”

医生：“先食补，若复查还低，就服铁剂。”

家长：“大夫，吃大枣行吗？”

......

●铁元素在人体内主要负责什么

铁是人体中必不可少的营养元素之一，成人体内约含 4~5 克铁，主要存在于血红蛋白和肌红蛋白中；另有一部分储备铁，以铁蛋白的形式储存于肝脏、脾脏和骨髓的网状内皮系统中。此外，铁还是人体内一些参与氧化还原的酶的组成部分。

铁在人体内的主要功能是：形成红细胞，参与血液中氧的运输和储存，以及氧和二氧化碳的转运、交换，清除体内的过氧化氢。

●宝宝为什么会出现缺铁性贫血？哪些宝宝更容易缺铁

宝宝在妈妈肚子里的时候，会从妈妈体内获得一定量的铁，并储存在自己小小的身体里，供出生后一段时间内使用。一般来说，妈妈送给宝宝的铁够他用到 4 月龄左右。不过，早产宝宝以及妈妈在孕期严重贫血时生下的宝宝更容易缺铁。

生长发育迅速、血容量增加很快的小宝宝，体内铁储备量不能满足生长发育的需求，而饮食铁的摄入量尚不够补充这种需求，4~5 月龄的宝宝出现缺铁性贫血的现象就较为常见。

饮食中缺少含铁丰富且铁吸收率高的食物的宝宝，如纯母乳喂养但辅食添加较晚的宝宝；饮食习惯不良，拒食、挑食、偏食的宝宝。

因疾病原因导致铁丢失量增加的宝宝，如长期慢性失血的宝宝。

因疾病或其他原因导致铁摄入或吸收受影响的宝宝，如长期腹泻、因疾病而摄食不足的宝宝。

宝宝缺铁会有哪些表现呢？

宝宝缺铁时并不会立即表现出贫血，换句话说，往往缺铁缺了一段时间，才开始有贫血的表现。很多家长并不知道这一点，所以，铁缺乏在刚开始的时候，往往是不容易被家长注意和发现的，一旦发现，往往已经发展成为了轻至中度缺铁性贫血。

缺铁性贫血症状的轻重取决于贫血的程度和贫血发生、发展的速度。初期常表现为烦躁不安或精神不振、不爱活动、食欲减退，面色、唇、甲床及手掌苍白，并因抵抗力下降而易出现口腔炎、舌炎、胃炎、腹泻等。部分宝宝还会出现生长发育迟缓、异食癖、反应迟钝、智力下降、记忆力减退、易反复感染疾病等。

小贴士

吃饭不满意 ≠ 缺铁！

如果怀疑宝宝缺铁，请交由儿科医生来帮助您诊断和治疗，千万不要随意给宝宝喝铁剂——铁的摄入绝不是多多益善。如果摄入过量的铁（特别是空腹情况下），会引起胃部不适、便秘、恶心、呕吐、昏厥等；高剂量的铁还会降低宝宝体内锌和铜的营养水平（不论是否一同服用）；极高剂量的铁甚至会导致昏迷和死亡。

● 不同年龄段的宝宝生长发育过程中需要多少铁

中国和美国都对各年龄段孩子的每日铁摄入量提出了明确的参考标准，家长们可以了解一下（见下表）。

中国和美国各年龄段儿童每日铁摄入量参考标准

年龄	推荐每日铁摄入量（中国）	推荐每日铁摄入量（美国）
0~6 个月	0.3 毫克	0.27 毫克
7~12 个月	10 毫克	11 毫克
1~3 岁	9 毫克	7 毫克
4~7 岁	10 毫克	10 毫克

注：数据来源为《中国居民膳食营养素参考摄入量 2013》，中国营养学会；美国国立卫生研究院 (National Institutes of Health，NIH)。

与此同时，家长们还应该了解每日铁摄入量的上限标准（见下表）。

中国和美国各年龄段儿童每日铁摄入量参考上限

年龄	每日铁摄入量上限（中国）	每日铁摄入量上限（美国）
0~6 个月	没有规定	40 毫克
7~12 个月	25 毫克	40 毫克
1~3 岁	30 毫克	40 毫克
4~7 岁	35 毫克	40 毫克

注：数据来源为《中国居民膳食营养素参考摄入量 2013》，中国营养学会；美国国立卫生研究院 (National Institutes of Health，NIH)。

6 个月以内的宝宝，提倡纯母乳喂养，妈妈自己一定不要偏食，也尽量不要素食，要正常摄入各种红色肉类。如果因为宗教信仰等原因采取素食，可以服用强化了铁的复合维生素制剂。

6 个月辅食添加初期，将强化了铁的婴儿米粉及肉泥作为首选，它们是安全有效的早期补铁辅食。

◇◇◇◇◇◇◇◇◇◇◇◇◇

在用米粉考验了宝宝初添辅食的胃肠功能后，要及时添加含铁丰富且容易吸收的辅食，首选动物肝／肾、血豆腐、瘦肉、鱼，其次，可以辅助添加红豆泥、木耳碎、红枣肉、紫米等。

来自天然食物的铁，分为两种状态：一种是血红素铁，来源于动物性食物，如肉类、鱼类、贝类等；一种是非血红素铁，来源于植物，如深色绿叶蔬菜、豆制品、坚果等。我们的身体对第一种状态的铁——血红素铁的吸收率比较高，可以达到 20%；而对第二种状态的非血红素铁的吸收率很低，补铁效果不及血红素铁。所以，要想有效预防缺铁或补充铁元素，还是要首选动物来源的"高铁"食材。

不过，这也不意味着植物来源的铁就一无是处，毕竟维生素 C 可以提高非血红素铁的吸收率。所以，对动物性辅食接受得不理想的宝宝，同餐中搭配一些凉拌的青菜或一些水果，也可以实现增加铁摄入量的目的。

/ 营养师提示 /

非血红素铁（植物来源的铁）与含钙高、钙盐和市场上较多的食物（如奶、豆奶、牛奶等）一同食用，吸收率会大打折扣。所以，在给6~12个月的小宝宝添加辅食泥（比如青豆、扁豆等）、青菜泥的时候，要处理掉干扰因素，比如豆泥过筛，去掉外壳。

下表中对常见食材的含铁量进行了展示，供各位家长参考。

常见食材含铁量 　　　　　　单位：毫克/100 克

名称	含铁量	名称	含铁量	名称	含铁量
鸭肝	23.1	干木耳	97.4	葡萄干	9.1
猪肝	22.6	干紫菜	54.9	沙棘	8.8
母麻鸭鸭血	39.6	口蘑	19.4	酸枣	6.6
鸭血	30.5	扁豆	1.9	黑枣	3.7
羊血	18.3	黄豆	8.2	桂圆肉	3.9
鸡肝	12.0	蚕豆	8.2	干枣	2.3
猪血	8.7	红小豆	7.4	草莓	1.8
羊肝	7.5	黑豆	7.0	鲜枣	1.2
猪肾	6.1	绿豆	6.5		
猪心	4.3	黄花菜	8.1		
瘦肉/牛肉	3.0~3.9	水芹菜	6.9		
母麻鸭肉	2.9	荠菜	5.4		
蛏子	33.6	豌豆苗	4.2		
河蚌	26.6	小油菜	3.9		
蛤蜊	10.9	菠菜	2.9		
		油菜	1.2		

注：数据来源为《中国食物成分表2002》，北京医科大学出版社。

如上可见，在动物性食材中，动物肝脏、动物血的含铁量远高于普通肉类。在植物性食材中，总体而言，菌藻类＞豆类＞蔬菜类＞水果类（这里仅是按照大类来比较，但其实每个类别中都有铁含量相对较高或很低的食物）。而鲜乳类是含铁量很少的一类食材。部分菌藻类虽然含铁量很高，但是需要加水泡发（比如干木耳、干紫菜），泡发后单位重量食材的含铁量肯定要降低很多。同理，豆制品中的腐竹、豆腐皮等，虽然单位重量食材的含铁量高于豆腐，但一经泡发，含铁量也会降低很多。所以，家长们在考虑植物性食物含铁量的时候，一定不能直接比较，要考虑水分含量和单位重量。

一旦发生了缺铁性贫血，饮食只能是辅助，因其很难在短时间内迅速补充缺乏的量。这个时候，及时就医和遵医嘱服用铁剂或相关药物治疗才是正确选择。

● 补铁谣言粉碎机

传言：吃菠菜很补铁。

真相：高估了菠菜。

每 100 克菠菜的含铁量才 2.9 毫克，跟动物肝脏和动物血相比，差出一大截。虽然在蔬菜里还算含量高的，但毕竟是植物性铁，吸收率低，不是已经出现缺铁性贫血宝宝的好选择。

传言：吃大枣很补铁。

真相：高估了大枣。

前文的表格中显示：每 100 克鲜枣的含铁量仅仅是 1.2 毫克，与菠菜一样，并没有补铁优势，更何况大枣糖含量很高，多吃对宝宝的体重和口腔健康没有好处。不过，每 100 克鲜枣含有 243 毫克维生素 C，可以很好地促进铁的吸收；只是鲜枣

在晾晒成干枣后，维生素 C 的含量会大幅下降到每 100 克中仅剩 14 毫克，也就没有优势可言了。

◇◇◇◇◇◇◇◇◇◇◇◇◇◇

传言：蛋黄很补铁。

真相：铁吸收率低。

蛋黄里的铁吸收率仅为 3%，而肉及肝中因富含血红素铁及帮助铁吸收加倍的"肉因子"，吸收率可高达 20%~25%。相比之下，孰轻孰重，一目了然。

◇◇◇◇◇◇◇◇◇◇◇◇◇◇

传言：肝脏是解毒器官，最好不吃。

真相：间隔时间长地少量进食，是安全的。

如果出现了缺铁，每周吃 1~2 次肝还是安全且有效的，肝中丰富的维生素 A 还能促进铁的吸收。建议给小宝宝选择鸭肝、鸡肝，相比畜类的肝脏，禽类的生长周期短、体积小，肝脏中可能让家长担忧的有害物质含量不会太高。

补充维生素 A，你了解多少

补充维生素 A，有什么功能

维生素 A 和维生素 D 的补充是宝宝出生后家长十分关心和担心的营养问题之一，不补充担心摄入不足，补充却又担心过量。

首先，我们来了解一下维生素 A 补充干预对于降低婴幼儿健康风险的意义。

世界上有多个国家针对维生素 A 缺乏的预防提出了干预措施，其中 38 个明确存在维生素 A 缺乏的国家中，有 92% 的国家实施了定期大剂量维生素 A 补充干预，40 个亚临床维生素 A 缺乏的国家中，68% 实施了定期补充干预，45 个国家对孕妇实施了维生素 A 补充干预。

干预的结果表明，补充维生素 A 可以使麻疹的死亡率降低 50%，腹泻的死亡率降低 40%，儿童因疾病引起的死亡风险降低 25%~35%；可以降低儿童罹患慢性腹泻、传染性疾病（如麻疹）的风险，同时可以减少住院时间和医疗服务成本；可以降低孕妇维生素 A 缺乏的发生率，降低分娩风险，增加孕妇抗感染的能力，同时预防贫血的发生；可以增加血红蛋白浓度，提高铁的利用率，降低孕妇及婴幼儿贫血的发生率；可以降低夜盲症、干眼症和失明的发生风险，还能够提高免疫接种的成功率，减少出生缺陷，等等。

针对预防，以及应对已经出现的维生素 A 缺乏，2013 年的《中华实用儿科临床杂志》上发表了一篇有关我国维生素 A 缺乏的诊断、治疗及预防的建议，借鉴国际上维生素 A 诊断和治疗的新标准，提出了维生素 A 缺乏的一级预防和二级预防策略。

一级预防：每日膳食中的维生素 A 摄入量应达到推荐摄入量（RNI）。提倡母乳喂养，并应在出生后及时添加维生素 A 和维生素 D，对母乳不足或无母乳的孩子指导其食用配方奶粉。在维生素 A 缺乏的高危地区，以及患有麻疹、腹泻、呼吸道感染、水痘及其他严重感染性疾病或蛋白质－能量营养不良的高危人群中执行预防性维生素 A 补充策略。

二级预防：针对早期可疑病例，进一步进行相对剂量反应试验（RDR 试验）、暗适应检测等，对亚临床及边缘型维生素 A 缺乏者，除增加膳食中维生素 A 及 β－胡萝卜素的摄入量外，可每天服用维生素 A 1500~2000 国际单位，与 1995 年我国《亚临床状态维生素 A 缺乏的防治方案》中推荐的剂量相同。

●世界卫生组织给予不同人群如何补充维生素 A 的意见

营养好的妈妈母乳中富含维生素 A，是婴儿维生素 A 的最佳来源。因此，鼓励母亲产后前 6 个月纯母乳喂养。在维生素 A 缺乏普遍存在的地区，妈妈能提供的母乳中维生素 A 的浓度低，但如果妈妈不能通过膳食满足哺乳期增加的维生素 A 需要量，其身体会试图利用肝脏中维生素 A 的储备来补偿母乳中维生素 A 的低水平状况。

针对 6 月龄以下的婴儿，过去推荐向非母乳喂养及母乳喂养但母亲产后未补充过维生素 A 的提供维生素 A 补充剂。但迄今为止，针对在 1~5 月龄婴儿中应用的单次或多次维生素 A 补充方案开展过多项研究，发现其对血清视黄醇浓度的影响很小，对死亡率亦无影响。所以，世界卫生组织不建议为减少发病和死亡而将 1~5 月龄婴儿补充维生素 A 作为一项公共卫生干预措施。应鼓励产妇在产后 6 个月内坚持纯母乳喂养，以确保婴儿获得最佳的生长发育基础。

在维生素 A 缺乏已构成公共卫生问题的地区，建议将 6~59 月龄婴儿和儿童补充维生素 A 作为一项公共卫生干预措施，以减少儿童的发病和死亡（强烈建议），见下表。

WHO 对于 6~59 月龄婴儿和儿童补充维生素 A 的建议方案

目标人群	6~11 月龄婴儿（含 HIV 阳性者）	12~59 月龄儿童（含 HIV 阳性者）
剂量	10 万国际单位 (30 毫克 RE 维生素 A)	20 万国际单位 (60 毫克 RE 维生素 A)
频率	1 次	每隔 4~6 个月
补充方法	视黄酸棕榈酯或视黄醇乙酸酯的口服液态油基制剂	
地区	24~59 月龄儿童夜盲症患病率达 1% 或以上 , 或 6~59 月龄婴儿和儿童维生素 A 缺乏（血清视黄醇浓度低于 0.70 微摩尔 / 升）患病率达 20% 或以上	

注：RE——视黄醇当量。

可见，对于 6 个月以内的宝宝，要鼓励母乳喂养，经由母亲的均衡饮食来保障母婴的维生素 A 摄入量，一般情况下无需额外补充维生素 A。如果哺乳母亲的营养状况差或者处于维生素 A 缺乏的高危地区（仅限于维生素 A 缺乏已构成公共卫生问题的地区），又或者是非母乳喂养的宝宝，存在营养不良、感染或吸收障碍等问题，有发生维生素 A 缺乏的危险，可以通过补充含有维生素 A 的复合维生素制剂或鱼肝油来保障摄入量，但需在儿童保健医生或营养科医生的评估指导下，严格遵医嘱执行。

特 别 提 醒

维生素 A 的食物来源，包括：

动物肝脏、蛋黄、鱼油、牛奶及其制品；

含有大量 β-胡萝卜素（在有油脂存在的前提下，大约有 1/12 可以在体内转化成维生素 A）的深绿色及橙黄色蔬菜及水果，如胡萝卜、柑橘、木瓜、南瓜、彩椒、菠菜、韭菜、荠菜、莴苣叶等。

配方奶喂养的宝宝，一般无需担忧奶粉中维生素 A 的含量。已经规律添加了辅食或已经以固体食物为主的宝宝，注意保证每日饮食中含有一定量的富含维生素 A 的食物及油脂类（帮助维生素 A 和 β-胡萝卜素的吸收）。

最后说说有关中毒的担忧，WHO 的指南中指出：在补充 10 万国际单位或 20 万国际单位维生素 A 的补充剂后，48 小时内所出现的不良反应通常较轻而且短暂，为一过性，绝大多数在摄入后 24 小时内发生和消失，不会产生远期后果。而《儿科学》教材和《中国居民膳食营养素参考摄入量 2013》中均有明确说明，如下。

急性中毒：一次性摄入大于 30 万国际单位维生素 A 才可能发生急性中毒。

慢性中毒：每日摄入 5 万~10 万国际单位维生素 A，连续服用 6 个月以上，才可能发生慢性中毒。

换句话说，如果宝宝经过医生检查后，确定需要补充维生素 A，那么，常规补充剂量是不可能导致中毒的。

小贴士

个体差异决定了食物中维生素 A 在体内吸收率的差异，补充剂亦如此。

即便需要服用维生素 A 补充制剂，也要在医生或药师的指导下，仔细阅读服用说明，严格遵医嘱用药，不可擅自更改服用剂量。

孩子不吃饭，补锌是关键

3

锌对于孩子的生长发育很重要，一旦缺锌，会给孩子的身体造成哪些危害呢？

发育不良。表现为生长停滞、身体瘦弱、食欲不振、体重不增加等。严重时甚至会导致肝脾肿大，智力发育落后，以及"侏儒症"。

影响身体维生素 A 的代谢和正常视觉发育。锌有促进维生素 A 吸收的作用，而维生素 A 对眼睛的发育有重要影响。维生素 A 平时储存在肝脏中，在人体需要的时候，靠锌的"动员"将维生素 A 输送到血液中。

对于大脑的生理调节有重要作用。锌的缺乏还会影响神经系统的结构和功能，当人体内缺乏锌时，可能会导致情绪不稳、多疑、抑郁、情感稳定性下降和认知损害。

看上去，缺锌的危害很吓人是不是？但其实，在现如今的生活条件下，真正缺锌的孩子已经没有过去那么多了。

● 当孩子的身体出现这些信号时，家长们需要增加对锌的关注度

缺锌会导致孩子味觉下降。表现为厌食、挑食、偏食，严重时还会出现异食癖，比如吃墙皮、泥土、煤渣、火柴棍、生面粉，或者爱捡起地上的小石头放进嘴里吃等。

小贴士 ————————————————————————————

　　孩子真的出现异食癖的时候，往往很容易引起父母的警觉，能及时去医院就诊，因此这种情况下的锌缺乏常常是不会被忽略或漏掉的。但是，不是所有的吃饭少、吃饭不认真、食物品种略单一都是挑食偏食，更不要说异食癖了。事实上，很多家长以为的"挑食偏食"常常是喂养方式和喂养习惯导致的进食不理想，或者是跟孩子这段时间的身体状况、饮食心理等有关，与缺锌一点儿关系都没有。可是，爱子心切的家长一门心思地认定孩子不爱吃饭，就一定是缺锌惹的祸。同理，也不要觉得本来吃饭困难的孩子，喝完补锌的药物马上就能像猛虎扑食一样立马狼吞虎咽了。

　　如果不爱吃饭压根不是缺锌引起的，补锌自然解决不了问题。所以这里再次提醒大家，不爱吃饭≠缺锌。

　　皮肤出现损伤，不易愈合修复。锌能促进皮肤创伤的愈合，孩子若缺锌，皮肤出现损伤后特别不容易愈合。此外，反复口腔溃疡（喷药、补充维生素效果都不理想）也有可能与锌缺乏有关，但容易被忽视。

　　出现地图舌。舌苔上出现一片片舌黏膜剥脱，类似地图状。这时候应该马上带孩子去医院，请医生来判断。

　　免疫功能降低，反复出现感冒、发热、肺炎、腹泻等。锌与孩子的免疫功能密切相关，锌是免疫器官胸腺发育的营养素，只有锌充足才能有效保证胸腺发育，正常分化 T 淋巴细胞，促进细胞免疫功能的提高。

　　孩子缺锌也会导致免疫力下降，最常见的表现就是爱生病，每一波感冒发热都逃不过，很容易就发展成肺炎（注意，偶尔反复感染，对于小宝宝而言是正常的，这里说的免疫力下降是一年中反反复复，感染次数极多）。这时候应该结合孩子平时的饮食，考虑是否与锌摄入不足有关。

　　不是出现上述问题就意味着一定是"锌不足"惹的祸！请务必在出现可疑问

题时，带宝宝去医院就诊，请儿科医生帮您判定！医生们一定会结合孩子的病史、症状、饮食情况，以及相关检查来综合判定。一般会结合孩子的血浆锌水平，如果条件不具备，也会检测一些与锌密切相关的酶类，这可以间接反映出是否缺锌，比如血浆碱性磷酸酶是评价锌营养状况最常用的酶，缺锌可使其活性降低。

● 妈妈课堂

妈妈问："微量元素检测中的锌值准确吗？"

答：误差较大，参考意义不大。

微量元素检测通常采用的方法是采末梢血或者检测头发末梢。头发末梢微量元素的含量微乎其微，加上含量会受到头发清洁程度、发质、环境污染等多种因素的影响，误差较大。抽指血检查微量元素也是大同小异，铁、锌这样的微量元素，在人体中原本含量就极少，仅仅靠几滴血做出的检测，其结果会受到采取的标本量和孩子身体条件等客观因素的影响，且会有组织液混入，使检查结果并不具备很大的参考意义。这些结果只供有经验的医生结合孩子的病史、饮食、生长等多方面因素作判断，而不是单一的诊断依据。

妈妈问："如果出现可疑症状要补锌吗？"

答：补！怎么补？吃！年龄越小的孩子，生长速度越快，对锌的需求量相对越高，尤其是 2 岁以下的小宝宝是锌缺乏的高危人群，更容易被医生建议"补锌"。这里，常常会出现误区，医生一说"补"锌，家长就误认为需要买补充制剂。其实，医生建议的"补锌"，常常是提醒你日常饮食中多注意孩子膳食锌的摄入，并不等于诊断宝宝"缺锌"。即便是医生认为需要通过制剂补充，也一定会明确告知家长。

所以，再次提醒各位父母，不要看见孩子"不爱"吃饭，就认为是缺锌，给孩子服用药物来补充，这真的是一个很大的误区。另外，很多家长眼里的"不爱吃饭"，只是家长以为罢了，改变烹调方法和就餐方式后，会大大增加孩子对吃饭的兴趣。

妈妈问："哪些食物含锌量较高？"

答：含锌丰富的食物主要分为三大类型，家长可以根据孩子的月龄、辅食添加进度、食物过敏与否等实际情况，选择适合宝宝的。这三大类型具体如下。

海产品，如牡蛎、干贝等，特别是带壳的海产品。

坚果种子类食物（如核桃、杏仁、花生、芝麻等）可以磨碎后加入到孩子的辅食中。

动物内脏（比如动物肝）的含锌量也都比较高。

总体来说，动物性食物含锌量及锌的吸收率都高于植物性食物。在植物性食物中，小麦胚芽、坚果、大豆的含锌量相对较高。

妈妈问："常见到药店里有卖钙锌同补口服液之类的产品，锌可以和钙一起吃吗？"

做些含锌量高的食物给宝宝吃！

答：不建议钙、锌同补。钙、铁、锌等都是二价离子，在宝宝的肠胃消化过程中，它们会相互竞争，导致某一个元素吸收效果减弱。如果宝宝需要补充这两种微量元素，最好相隔 2 小时服用。

也正因如此，如果需要药物补充，请一定不要与含钙高的奶类一起服用。

另外，"补"锌的首选建议还是通过食物强化摄入，如果不能通过食物有效补充或者缺乏程度严重，再在医生的建议和指导下，选择相应的药物进行补充。如果锌的营养状况只是处于边缘或者根本就不缺锌，额外采用药物大量补充或者盲目给孩子乱补，不仅不能让孩子更聪明、食欲好，反而有可能造成体内锌过量。锌过量的危害不亚于锌缺乏，可能会引起代谢紊乱，导致呕吐、头痛、腹泻、抽搐等症状。严重的时候，甚至会对大脑神经元造成损伤。另外，体内锌含量过高，有可能会抑制机体对铁和铜的吸收，并引起缺铁性贫血。

小贴士 ————————————————————————

通过药剂补锌的宝宝，需要遵医嘱定期复查锌的营养状况，避免补"过"，过量补充对宝宝的健康不利。

妈妈问："宝宝的头发太软，是不是缺锌？"

答：这是一个被问及频率相当高的问题。事实上，头发的软硬程度和浓密程度，不是只受营养状况的影响，更多的是受遗传和胚胎期发育的影响。就营养而言，单靠锌来"促生发"是片面的，更多的还是依赖均衡饮食，特别是能量和蛋白质的摄入量要充足，如果能量摄入不足、肉蛋鱼奶等优质蛋白质吃得太少，头发的生长一定会受影响。

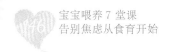
妈妈们无比关心的 DHA 补充　　4

DHA 俗称"脑黄金"，在很多家长心中是个神奇的存在，在家长们最关心的营养素里，DHA 基本上是稳坐前三名的。

DHA 对人体的意义：它是人类细胞膜的组成成分，且高度集中在神经组织、视杆细胞及视锥细胞外段和大脑灰质的膜磷脂中（氨基磷脂、磷脂酰丝氨酸、磷脂酰乙醇胺）。一些动物研究发现，包括 DHA 在内的 LCPUFA 在大脑的基底核、中央皮质前后、海马体、丘脑中的含量非常高。此外，心脏及骨骼肌肌膜肌浆网的某些磷脂中也含有大量的 DHA。它的作用原理主要表现在：会影响细胞膜的流动性；影响细胞膜对营养物质进出细胞的渗透性；影响神经信号的传导。所以，通常认为如果宝宝体内缺乏 DHA，会影响神经系统和立体视觉的正常发育。

DHA 的来源：尽管饮食来源的 α-亚麻酸可以在人体内合成 DHA，但是能够"制造"出来的 DHA 的量非常有限（转化率在 3%~10%，受个体差异及饮食结构的影响较大），所以，要想保证良好的 DHA 营养状况，更多的还是要经由健康膳食获取，特别是鱼虾贝类等海产品。对于足月宝宝而言，母乳是帮助他们获取这种营养素的不二来源。

联合国粮农组织（FAO）专家委员会因此而特别指出，尽管 DHA 属非必需脂肪酸，可由 α－亚麻酸合成，但因其来自 α－亚麻酸的转化率低且对胎儿及婴儿脑发育和视网膜发育至关重要，因此对于孕期和哺乳期妇女而言，DHA 亦可视为"条件必需脂肪酸"。

●补充 DHA 会让宝宝更聪明吗

答案是不一定！保障大脑和神经系统发育≠提高智商，这是完全不能画等号的两个概念。

DHA 对于儿童认知能力的影响一直广受学术界的关注，2013 年瑞士 *Nutrients* 杂志发表了一篇综述，对 15 项前人对于"DHA 对儿童认知能力和行为的影响"的文献进行了总结，一方面肯定了 DHA 从生理学角度对大脑活跃度的促进作用，另一方面，并没有发现孩子们在标准认知能力测试结果上的差异。这个结果与来自我国浙江大学的一项研究，以及 2017 年 3 月来自澳大利亚的一篇历时 7 年随访的、多中心的、产前补充 DHA 的随机研究的观点是一致的。产前或出生后补充 DHA 会对婴儿的认知发育产生重要影响，对于随后童年及学龄期的智商或认知表现并没有明显作用，虽然孩子们的空间思维能力和感知推理评分确实有一点点提升。

相反，那些并非来自营养素的、先天的遗传及后天的社会环境因素，包括良好的早期养育环境、母亲的快乐情绪、父母的教育程度、家庭社会经济地位等，才是决定孩子各种"商"的重点。

所以，作为构建大脑的营养物质，DHA 对于宝宝生长发育的重要性虽然被证实是不可或缺的，但如同骨骼发育不能只靠钙与维生素 D 一样，并不能指望着"吃出高智商"。

● 最应当关注 DHA 的是哪些宝宝

当然是早产儿。

✧✧✧✧✧✧✧✧✧✧✧✧

孕晚期是胎宝宝努力发育大脑的阶段。大脑就像一个"脂肪球"（所以人们喜欢用可以榨油的布满沟沟回回的核桃来比喻它），人体内除了脂肪组织，第二大脂肪"仓库"就是大脑。孕晚期就是这个"仓库"的扩建期，胎宝宝需要从母体获得大量脂肪来满足"仓库"的扩建需求。

✧✧✧✧✧✧✧✧✧✧✧✧✧✧✧

作为脂肪家族的一员，DHA 在这个时期的需求量也就自然而然地呈突飞猛进的状态，特别是孕 35~40 周，是整个孕期往胎宝宝脑"仓库"里囤积 DHA 最多的几周。遗憾的是，早产宝宝（胎龄 < 37 周）刚好错过了大量 DHA 的"入库"，错过了储存 DHA 的最佳时机。

DHA 对早产宝宝的重要性体现在哪些方面

DHA 联手 ARA，帮助早产宝宝的体格生长发育得更健康，不只是身高体重，还包括体脂肪和瘦体重的分配是否更满意更合理。

早产宝宝的大脑、视网膜、皮肤和肾功能的完善；视觉敏锐程度；神经认知功能及神经运动发育等，都离不开 DHA。

合适量的 DHA 还能增强他们的"抗炎"能力，从一定程度上降低特别小的早产宝宝坏死性小肠结肠炎及败血症的发病率。

另外，DHA 或许对早产宝宝的认知发育及学习能力也有一定的帮助，当然，到目前为止，这件事并无确切定论。

早产宝宝需要多少 DHA

其实，各国观点还不太统一。欧洲儿科胃肠病学、肝病学和营养学会建议早产宝宝每日 DHA 摄入量为 12~30 毫克 / 千克（体重）；美国儿科学会建议出生体重不足 1000 克的早产宝宝每日摄入量 ≥ 21 毫克 / 千克（体重），出生体重大于 1000 克但不足 1500 克者每日摄入量 ≥ 18 毫克 / 千克（体重）。

中国关于婴幼儿补充 DHA 的研究相对比较少，中国孕产妇及婴幼儿补充 DHA 的专家共识中只是提到婴幼儿每日 DHA 摄入量宜达到 100 毫克。

包括早产宝宝在内的婴儿怎样获得 DHA

母乳喂养及合理的辅食添加是首要途径。哺乳妈妈每周吃 2~3 次"肥鱼"；辅食添加期合理添加鱼虾类、坚果及芝麻等。

宝宝们利用体内必需脂肪酸少量合成（虽然量很少，但总比没有强）。

万一母乳喂养失败或者妈妈的乳汁不够宝宝吃，需要选择强化了 DHA 及 ARA（按要求调整比例）的婴儿配方奶粉（DHA 含量应为总脂肪酸的 0.2%~0.5%）。

辅食添加开始后，在可以耐受、不过敏的前提下，通过汞含量低且 DHA 含量高的"肥鱼"来满足需求。

服用安全可靠的婴儿剂型 DHA 补充制剂。

如何保障 DHA 的足量摄入

一般来说，DHA 可以经由四种途径获取：①动物来源——鱼虾贝类；②植物来源——富含 α - 亚麻酸的坚果类；③ DHA 强化食品；④ DHA 补充制剂。

小贴士 ——————————————————————————————

　　③和④都需要在医生和临床营养师的指导下，根据宝宝的情况（尤其是早产宝宝，要根据实际矫正月龄及生长发育速度）来选择（例如：是否选择相应的早产院外配方，选择哪种类型的补充剂，以及妈妈如何调整自己的饮食，等等），不要自己盲目选购，对的才是安全的，安全的才是好的，切记！

　　无论对于哺乳妈妈还是添加了辅食的宝宝，经由天然食物来源获取 DHA 都是首选的摄取途径。其中，富含 DHA 的高脂肪鱼类是最快捷高效的补充途径。不过，在吃鱼之前必须要了解一点：鱼，并非多多益善，过多食用反而对健康有潜在风险。更何况，不是所有的鱼都能安全有效地帮助妈妈和宝宝补充 DHA。

　　包括 DHA 在内的 ω–3 多不饱和脂肪酸，在高脂海水鱼体内的含量较多，淡水鱼也含有这类脂肪酸，但是含量相对较低。例如，以 100 克鱼肉计，大西洋三文鱼大约含 1100 毫克 DHA，鳗鱼含 660 毫克，金枪鱼含 890 毫克；淡水鱼中，草鱼含有 200 毫克，鲤鱼和鲫鱼分别只含有 170 毫克和 160 毫克。虽然各国数据有一定差别，只能作大致参考，但显而易见，相比于淡水鱼，高脂海水鱼是 DHA 更丰富的来源。

吃太多鱼为何反而会有健康隐患

　　埋下铁摄入不足的隐患。肠胃容量有限，吃了太多的鱼必然影响红肉和绿叶菜的摄入量，而后者是准妈妈摄入足量铁元素的有力保障。

　　重金属汞暴露的隐患。受工业排污的影响，很多鱼存在甲基汞蓄积问题。甲基汞是一种具有神经毒性的环境污染物，主要侵犯中枢神经系统，可造成语言和记忆能力障碍等。更关键的是，它具有很高的稳定性，能够在人体组织中长期存在，难以消除。

胎儿及婴幼儿处于生长发育的过程中，汞及甲基汞对他们的危害性远高于成人，所以，美国联邦药品食品管理局联合环保局（FDA/EPA）在2017年1月颁布了关于孕妇及儿童应该如何安全健康吃鱼的指导性建议，再次明确强调，对于准妈妈和婴幼儿：

汞含量低的鱼（三文鱼、沙丁鱼、鲈鱼、鲳鱼、鳕鱼等），每周只容许吃2~3份；

汞含量中等的鱼（石斑鱼、大比目鱼、安康鱼、长鳍金枪鱼、黄鳍金枪鱼等），每周只容许吃1份；

汞含量高的鱼（枪鱼、红罗非鱼、剑鱼等），是完全禁止食用的。

注：1份=4盎司，1盎司=28.3495克，也就是1份约为113.2克。所以，准妈妈每周吃2~3次鱼虾，总量在250~350克，是相对比较安全的食用量。

美国农业部在2012年发布的有关孕妇通过海水鱼摄入ω-3脂肪酸与婴儿健康的声明中，基于对既往研究的回顾，也提出：每周2~3份的低汞鱼，可以帮助准妈妈实现平均每天250毫克DHA及EPA的摄入量，哺乳妈妈也可以参考这个推荐量。

《中国孕产妇及婴幼儿补充DHA的专家共识》建议，孕妇和哺乳妈妈可通过每周食鱼2~3餐且有1餐以上为高脂海水鱼、每日食鸡蛋1个来加强DHA的摄入；幼儿也适宜通过调整膳食来满足DHA需求。

不过，受地理条件、生活水平、食物供给、工作环境、口味喜恶、食物过敏等因素的限制，一部分哺乳妈妈或宝宝无法保障以上推荐的高DHA鱼虾贝的摄入量，怎么办？可以通过摄入一定量的富含α-亚麻酸的食物（比如：核桃、杏仁、花生、芝麻、亚麻籽等）来补充，虽然α-亚麻酸在人体内转化成DHA的量很低，是低效来源，但终归还是有一点儿帮助的。

另外，目前市面上还有一些强化 DHA 的乳制品，可以供哺乳妈妈选择。对宝宝而言，还有一些强化了 DHA 的婴幼儿食品，如米粉、菜泥等（当然，效果不能保障）。澳大利亚曾有一项研究，将四大幼儿核心食物——面包、牛奶、鸡蛋、酸奶全部替换成强化 DHA 的食物，并增加了供应量。最终结果显示，参与试验的儿童的 DHA 摄入量仍未达到理想水平。该试验认为，增加鱼类摄入量仍然是补充 DHA 最有效的途径。

如果以上方法依旧难以实现，还可以使用 DHA 补充剂，主要有两种：一种是从深海鱼的脂肪中提取的；另一种是从藻类中提取的。一定要选择品质有保障，最好是有保健食品标志或保健食品批准文号的产品。毕竟现在市场上的保健品良莠不齐，而鱼油胶囊的制作必然涉及一些添加成分，所以，品质保证与安全性是成正比的。

小贴士

不同鱼油胶囊的 DHA 和 EPA 的含量会有差别，美国食品药品监督管理局（Food and Drug Administration, FDA）对一般人群有如下推荐：膳食补充剂标签中推荐或建议的剂量，或普通情况下的使用剂量应该为 EPA+DHA 的每日摄入量不超过 2 克。而哺乳妈妈和小宝宝（尤其是早产宝宝），鉴于你们是"特殊人群"，在准备通过鱼油胶囊来获得更高剂量的 DHA 之前，请一定要咨询临床医生、营养师、药师。

现在，相信你对 DHA 已经有了一个更加全面客观的认识。永远记住：科学的、安全的，才是最好的！

维生素 D——被钙遮住光芒的营养素 5

钙，在人体中分为两种形式：无机盐形式（分布在骨骼和牙齿里）和钙离子形式，后者分布在血液、细胞间液及软组织中，是人体细胞与细胞之间的信号传递者，在各个中枢发挥着非常重要的作用。我们所有的生命活动，比如说话、思考、心脏跳动、肌肉活动等，都和钙离子密切相关。

维生素 D 对人体的抗菌能力、肿瘤预防等方面都发挥着重要作用。接下来，我们详细说说维生素 D 对宝宝的重要性。

首先需要明确一点：维生素 D 不仅仅是维生素，它在人体内还发挥激素的作用，比如增加宝宝对钙和磷的吸收以及在骨中的沉积，使骨的成长和成型达到最理想程度；帮助维持人体的先天免疫功能，减少包括糖尿病及癌症在内的慢性病的发生；降低精神分裂症的发病率；童年时摄入足够的维生素 D 能降低成年后患骨质疏松症的风险；降低患结肠癌、乳腺癌和前列腺癌的概率。

这也是为何一提到佝偻病，首先要考虑是不是缺乏维生素 D 的原因。

维生素 D 是怎样促进钙吸收的

维生素 D 的前体（生成维生素 D 的原料）存在于皮肤中，当阳光直射时，在

波长为 270~300 纳米的紫外线（UVB）的作用下会发生反应，转化为维生素 D_3。维生素 D_3 分子被运送到肝脏并且转化为维生素 D 的另一种形式——25- 羟基维生素 D_3。25- 羟基维生素 D_3 继续被转运到肾脏，在那里被转化为 1, 25- 二羟基维生素 D_3（这种形式是维生素 D 最有效的状态）。最后，维生素 D 和甲状旁腺激素以及降血钙素协同作用来平衡血液中钙离子和磷的含量，特别是增强人体对钙离子的吸收能力。

维生素 D 从哪里来？不经补充途径，我们如何获得维生素 D

维生素 D 是一种脂溶性维生素，成年人的天然来源有以下两种途径。

日常饮食。不过，富含维生素 D 的天然食物非常有限，鱼肝、鱼油、海鱼（如鲱鱼、鲑鱼、沙丁鱼）等是屈指可数的维生素 D 含量较高的食物；其次是黄油、蛋黄、母乳或鲜牛奶，但含量非常少。因此，除非食物中经人工强化添加了维生素 D，否则仅凭摄入天然食物，很难达到我们对于维生素 D 的需求。

内源性维生素 D。这是人体更主要的维生素 D 的来源，由我们的皮肤在经阳光中的紫外线（UVB）照射后，将皮肤中一种名为"7- 脱氢胆固醇"的物质转化成维生素 D。

对于母乳喂养的小宝宝而言，母乳也是他们维生素 D 的来源之一，但遗憾的是，母乳中维生素 D 的量很少，每 1000 毫升母乳中仅含 25~78 国际单位。这距离宝宝的每日最低需求量还有很大差距。

通过晒太阳，我们能够获得足量的维生素 D 吗

先把紫外线对皮肤可能造成的损伤放在一边不谈（这是皮肤科医生一直高度

关注的问题），在不抹防晒霜、不做必要保护的情况下，通过晒太阳其实也不一定可以如愿获得足量的维生素 D。原因如下表。

晒太阳对人身体获得维生素 D 的影响

环境（阳光充足为前提）	效果	原因
皮肤颜色较白	++++	肤色会影响皮肤维生素 D 的转化率，同样的日晒条件下，白种人皮肤维生素 D 的转化率要高于深色皮肤的人种
皮肤颜色较深	+++	
隔着玻璃窗晒	–	紫外线包括了 UVA、UVB 和 UVC，其中只有 UVB 可以帮助皮肤转化维生素 D，UVA 是无法担当此重任的。而且，UVB 很容易被玻璃、防晒霜或厚衣服所阻隔，从而不能发挥作用
大气污染（雾霾、烟雾、尘埃等）	+ 或 ++	这些空气中的物质会吸收部分紫外线
纬度高	++	高纬度地区紫外线较弱
纬度低	++++	低纬度地区紫外线较强
夏季	++++	夏季日照长，紫外线较强
冬季	++	冬季日照短，紫外线较弱

小贴士 ————————————————————————————

只有日光足够强、日晒时间足够长，才能获得较多的量。

哪些宝宝容易存在维生素 D 摄入不足

食物摄入不足的宝宝。新生儿期的宝宝，唯一的来源是母乳或配方奶粉，母乳中的量显然是不足以供应宝宝需求的，所以母乳喂养儿需要额外补充维生素 D。而婴儿配方奶粉喂养的宝宝，若奶量不足，经奶摄入的维生素 D 的量也有可能不足。

缺少有效日光照射的宝宝。新生儿期的小宝宝如果接受日光直接照射的时间不足（例如：因天气寒冷、多雨多雾、隔着玻璃等），皮肤能够有效转化的维生素 D 的量也会不足。

先天维生素 D 储备不足及生长过速的宝宝。早产儿或双胞胎体内储存的维生素 D 不足且生长速度过快，对维生素 D 的需求量更大。

患胃肠道或肝、胆、肾疾病的宝宝。因慢性腹泻、肝胆疾病、胰腺疾病等影响维生素 D 的吸收和代谢。

受药物影响的宝宝。某些药物可致使维生素 D 在体内的代谢加快，从而需要量增加，如长期服用抗惊厥药物等。

既然如此，不足的维生素 D 何处寻？

母乳喂养的宝宝：母乳中维生素 D 的含量非常低，因此，需要额外通过制剂补充维生素 D。维生素 AD 滴剂（胶囊型，0~1 岁）每粒含维生素 A 1500 国际单位、维生素 D 500 国际单位；1 岁以上剂型每粒含维生素 A 2000 国际单位、维生素 D 700 国际单位，是宝宝补充维生素 D 最安全的选择，并不会像一些家长担心的那样有中毒风险。当然，如果您正在给宝宝补钙，最好注意观察补钙产品的成分表，了解其中的维生素 D 含量，再酌情考虑维生素 AD 制剂的服用量。

婴儿配方奶粉喂养的新生宝宝：无论是美国医学研究所、美国儿科学会发布的指南，还是中国营养学会的《中国居民膳食营养素参考摄入量 2013》，对于婴儿维生素 D 的推荐摄入量都是每天 400 国际单位。也就是说，宝宝每天经日晒及膳食途径摄入的维生素 D 的量不能少于 400 国际单位。前面提到了，新生儿接受日晒的有效时长和有效量往往不能保证，那么，膳食来源的维生素 D 应该是他们更主要的获得途径。

建议妈妈们通过奶量来计算宝宝维生素 D 的摄入是否足够，方法很简单：配方奶粉外包装上都会有营养成分表，详细说明了每 100 克和每 100 毫升奶中各种营养素的含量。将宝宝全天吃奶的总量除以 100，再乘以每 100 毫升奶中维生素 D 的含量（国际单位），如果不足 400 国际单位，就需要额外补充维生素 D。

不同品牌奶粉中维生素 D 的含量不同，因此，无法给出具体值，需要妈妈们自己计算。另外，早产、低出生体重的宝宝或双胞胎宝宝，对维生素 D 的需求量会有别于正常体重儿，需要在医生的指导下额外补充。

宝宝已经补充鱼肝油了，还需要补充维生素 D 吗

鱼肝油是维生素 AD 滴剂的俗称 / 别称，也就是说，鱼肝油 = 维生素 AD。如前所说，维生素 AD（也就是鱼肝油）已经含有了推荐剂量的维生素 D，就不要额外再给宝宝单独补充维生素 D 了，否则，会造成重复叠加补充，容易导致过量。

鱼肝油（维生素 AD）和鱼油一样吗

鱼肝油是维生素 AD 补充剂。鱼油通常是指含有 ω-3 脂肪酸，即 DHA、EPA 等脂肪酸的一类营养补充剂，因 DHA 多提取自深海鱼类，故而被简称为鱼油。大多数鱼油中都不含维生素 A，少数会含有维生素 D。因此，妈妈们在给宝宝选购时，一定要仔细阅读成分说明，避免出现重复补充。

补钙的同时一定要补维生素 D 吗

是的，如果宝宝有补钙的需求，务必同时补充维生素 D。甚至可以说，即便宝宝没有补钙的需求，仍需要规律地服用维生素 D 补充制剂或者保证充足的日晒（只要不是特殊群体，比如早产儿）。

维生素 D 制剂需要跟钙同时服用吗

不一定。如果能够同时服用当然最好，如果偶尔错开了也无妨。

不同季节、不同年龄，宝宝服用维生素 D 制剂的剂量是否相同

要根据宝宝的饮食情况、户外活动日晒情况，以及是否属于容易缺乏的人群来具体决定。但是不管怎样，纯母乳喂养的宝宝是一定要每天补充 400 国际单位维生素 D 的。

正确辨别宝宝是缺乏维生素 D 还是缺钙

缺乏维生素 D 和缺钙的表现是非常相似的，因此，一部分宝宝的"缺钙"症状其实是因缺乏维生素 D 引起的，而家长却在抱怨："明明一直在补钙，怎么还是缺？"

因此，遇到疑似缺乏症状，还是要带宝宝去看儿科保健医生，医生会结合宝宝的生长发育情况、症状、病史、饮食，以及一些化验检查结果（比如：甲状旁腺激素、血清 25– 羟基维生素 D_3、血清钙水平、血清无机磷水平、碱性磷酸酶、尿钙等）来综合判断，而不是自己乱琢磨乱猜测，一定要在专业人士指导下酌情补充维生素 D。

我的宝宝需要补钙吗

6

补钙，属于老生常谈。可为什么还是要谈呢？就是因为不想让大家武断地把所有的营养问题都怪罪到钙的身上。凡事要知其然并知其所以然，我们先来说说当宝宝出现了哪些症状的时候，家长才需要往"缺钙"的方向考虑（见下表）。

宝宝缺钙出现的症状

轻度缺钙症状	重度缺钙症状
睡觉、喝奶过程中大量出汗（不论天气是否炎热）	佝偻病，甚至引起各种骨骼畸形，如鸡胸或漏斗胸、O形腿或X形腿、方颅、乒乓头、肋骨外翻等
白天常常出现难以安抚的烦躁不安和哭闹	
不易入睡，就算入睡了也容易惊醒	肌张力低下、运动机能发育落后
囟门闭合迟	大脑皮层功能异常、表情淡漠、语言发育迟缓
肌力弱	
恒牙出牙迟	免疫力低下
学步迟	智力低下
经常出现抽筋现象	
神情呆滞、表情少，动作和语言都比同阶段的孩子落后	

如果宝宝只是吃奶爱出汗或者入睡有点儿困难，千万不要硬往"缺钙"上去靠——必须是宝宝同时具备了上述症状中的大多数的时候才有可能是缺钙导致的。

如果上述各条大多"对得上号"，高度疑似缺钙，也不要自作主张地给宝宝补充钙剂，而是要在第一时间带宝宝去看儿科保健医生。

另外，微量元素检查所查的钙，不能作为判断标准！

为什么这么说

因为在绝大多数情况下，只有当钙的摄入量非常低，或者因为疾病原因导致肠道对钙的吸收不足时，才会出现缺钙。毕竟维生素 D 无时无刻不在监视着钙的营养状况，它会在第一时间给出应急预案，及时提高小肠对钙的吸收率，以保障身体对钙的需要可以及时得到满足。因此，很多佝偻病的发生都是缺乏维生素 D 导致的，而真正的低钙性佝偻病相对少得多。

什么样的宝宝容易缺钙

2 岁以内的宝宝。他们户外活动及日照时间相对较少，体内维生素 D 的转化易受限，如果维生素 D 摄入不足，会影响钙的吸收；而跑、跳、走、爬楼梯等以下肢为主的大运动相对不成熟，也会或多或少地影响骨钙的沉积。

早产儿、低出生体重儿、双胞胎、生长过快的宝宝、冬季出生或日照不足地区出生的宝宝。这些宝宝生理储备不足、需求增加、维生素 D 摄入或转化不足。

疾病原因导致缺钙的宝宝。如急慢性消化道疾病、半乳糖血症等。

体重超标、肥胖或身高体重增长比同龄儿超前的宝宝。这些宝宝的身体对钙的需求量相对更高。

其他原因导致的维生素 D 摄入不足的宝宝。如严重缺乏有效日晒且没有口服维生素 D 补充剂的母乳喂养的宝宝。

下面再来看看不同年龄段宝宝对钙的需求量（见下表）。

不同年龄段宝宝对钙的需求量

年龄段		推荐摄入量 /（毫克 / 天）	
		男	女
婴儿	0~0.5 岁	200	200
	0.5~1 岁	250	250
幼儿	1~3 岁	600	600
学龄前儿童	4~6 岁	800	800
学龄期儿童	7~10 岁	1000	1000
	11~13 岁	1200	1200
青少年	14 岁以上	1000	1000

注：数据来源为《中国居民膳食矿物质的推荐摄入量（RNI）或适宜摄入量（AI）》（DRIs2013）。

有的家长会有这样的困惑：我怎么知道我家宝宝摄入的钙够不够呢？没关系，现在来教您怎么计算。

宝宝饮食钙摄入量 =（奶中含钙量 + 固体食物含钙量）× 吸收率

配方奶中的含钙量通过查阅奶粉外包装上的营养成分表来计算，例如，宝宝全天奶量 600 毫升，若每 100 毫升奶含钙 50 毫克，则全天能够从奶中获得 300 毫克的元素钙。

固体食物的含钙量可以查阅《中国食物成分表》。

注意：不同食物的含钙量及吸收率千差万别，且受个体因素和膳食因素的影响较大，并非宝宝吃进多少钙就都能完全被吸收。一般来说，婴儿每日肠道钙吸收量为食入总量的 60%。

最后，将宝宝全天所需钙量减去估算出的膳食钙吸收量，就知道宝宝需不需要补钙了。

小贴士 ————————————————————————————

对于 6 个月以内纯母乳喂养的宝宝，乳汁中的钙元素是可以满足宝宝需求的，只需要额外补充 400 国际单位的维生素 D 即可（母乳中的维生素 D 含量很低，小宝宝又常常缺乏足够的日晒）。因此，除非疾病原因，否则这类宝宝是不容易缺钙的。

●宝宝喂养过程中与钙有关的困惑解答

妈妈问："宝宝枕秃就一定缺钙吗？"

答：不计其数的家长会拿着钙剂忧心忡忡地来求救："您看，我们已经补钙了，怎么还有枕秃呢？"遇到这种情况，我想说明的是，枕秃的存在，基本是与缺钙无关的。

妈妈问："什么是枕秃？"

答：枕秃，顾名思义就是宝宝的枕部，也就是"后脑勺"跟枕头接触的地方出现头发稀少或没有头发的现象。出现原因在于大多数时候都躺在床上的宝宝，他们的头部跟枕头接触的地方容易发热出汗，从而造成头部皮肤发痒。小宝宝既不会说，也不会抓挠，往往通过左右摇晃头部来对付头皮痒的问题，反复摩擦，导致这个部位的头发受到磨损，形成明显的"头发稀疏"带。

那么，为什么大家一说到枕秃就会联想到缺钙呢？最大的可能性就是家长误将缺钙导致的多汗多惊表现与睡眠不实直接画上了等号，认为这就是元凶。

事实上，缺钙真的不是导致枕秃的原因，而且家长们忽视了两个问题：睡眠的踏实与否受很多因素的影响，不一定只是因为出汗；出汗的多少也受很多因素的影响，不一定是因为缺钙。

可能造成枕秃的影响因素有哪些呢？包括：

睡眠环境温度过高；

宝宝睡觉时捂得太厚；

睡眠环境有明显的噪声，影响睡眠质量；

睡前进食过饱；

没有在睡前给予宝宝恰当的安抚，使他缺乏安全感；

盖的被子太沉；

枕头的高度不合适，枕头太硬，填充物不舒服；

宝宝对枕头的填充物过敏，导致呼吸不适；

宝宝维生素 D 摄入不足；

宝宝的头皮有湿疹；

其他因素。

因此，建议家长先评估一下睡眠环境对宝宝的影响，再考虑维生素 D 的摄入情况，最后才去考虑钙摄入充足与否，毕竟盲目补钙有可能造成钙摄入量超标。如果排除了其他因素，怀疑还是因缺钙导致，则首先要评价饮食钙摄入量是否充足。

当存在奶量严重不足、高钙食物（如豆制品、芝麻酱、绿叶菜等）摄入很少、饮食中含糖食物及高蛋白食物摄入过多等情况时，容易出现钙摄入量不足或流失量增多。

另外，常有家长疑惑一直在给宝宝补钙和维生素 D，为什么还是缺？受各种综合因素的影响，食物钙量 + 钙剂钙量的总量有可能并未满足需求量（特别是在食物钙摄入量非常少的情况下），需要在医院营养师的指导下，调整饮食结构。

小贴士 ——————

钙剂中标明的元素钙的含量不可能被完全吸收，因此，计算的时候要"打折扣"（40%~60% 不等）。

食物是最好的补药！调整饮食结构绝对优于钙剂补充，不要一味地通过增加钙剂摄入量来满足需求。

判断宝宝缺钙与否，最好求助于儿科保健医生，从临床表现和实验室检查结果等方面来确定。

妈妈问："用骨头汤给宝宝做粥或面条，是不是很补钙？"

答：骨汤补钙一直是谣传！骨汤成分为水 + 油脂 + 从肉里溶出的嘌呤 + 极少量氨基酸 + 盐 + 其他调味料。骨头里的钙、磷元素结合得非常牢固，很难通过烹饪溶到水里。即使加入一些酸性的醋可以促进骨钙的少量溶出，可溶出的钙量也是可以忽略不计的。所以，喝骨头汤几乎起不到任何补钙的作用。如果总用骨头汤代替清水来给宝宝熬粥或煮面条，不仅不补钙，反倒会因为汤中溶出的盐和它本身厚重的味道，让宝宝无形中增加了盐的摄入量，养成"重口味"，不利于健康饮食习惯的形成。

妈妈问："纤维素摄入太多，会影响钙的吸收吗？"

答：有一定道理！影响钙吸收的并不是膳食纤维，而是膳食纤维含量高的粗粮、豆类、蔬菜中所含的植酸盐、草酸盐，会一定程度上影响钙的吸收。因此，在吃这些食物时，可以与牛奶等高钙食物的进食时间间隔开，比如饭后 1.5~2 小时再喝牛奶。另外，在制作这类食物时，提前"处理"一下，比如吃富含草酸的菠菜、苋菜时，先将其焯水以去掉水溶性的草酸。

妈妈问："牛奶中的蛋白质会导致钙的流失，所以喝豆浆比喝牛奶更补钙吗？"

答：奶制品更补钙！每 250 毫升牛奶中至少含有 250 毫克的钙，且幼儿配方奶或者维生素 D 强化鲜奶中还含有促进钙吸收的维生素 D，所以奶类是帮助宝宝补钙的最佳食物，只要根据宝宝的年龄段选择适合的奶及其制品就好，这里的奶及其制品包括母乳、配方奶、鲜奶、奶酪、酸奶等。

豆浆中的钙含量远低于牛奶，真正钙含量高的大豆制品是凝固状态的豆制品，比如豆腐、豆干、豆泥等，而不是豆浆。在宝宝每天能食用充足的奶及其制品的情况下，一周再吃 2~3 次凝固态的豆制品，就可以保证宝宝有足够的钙摄入量。

特 别 提 醒

妈妈问："多吃牛肉可以让骨骼更强壮吗？"

答：肉是补铁的，不补钙！不少人认为欧美人骨骼强壮是因为吃牛肉多，所以会认为牛肉等肉类食品补钙。其实，肉本身的含钙量和吸收率都不及奶类食品，吃肉主要是帮宝宝补铁。不过，鸡或者猪等的脆骨是可以补钙的，适合大一些的宝

宝吃，以免宝宝嚼不烂导致呛咳等危险。

妈妈问："蔬菜、水果和补钙不相干吗？"

答：一部分蔬菜含钙量也很高！大多数水果中含钙量较少，但少部分蔬菜和菌藻类食物含钙量还是很高的，比如荠菜、油菜、苋菜（无论的紫色的还是绿色的）、油菜薹、小白菜、芥蓝、芥菜等，在蔬菜家族中都是"产钙大户"。另外，紫菜、海带等藻类含钙量也很高。所以，家长们千万不要低估了蔬菜的补钙能力。

妈妈问："补钙容易导致便秘吗？"

答：有时会这样！如果在医生的建议下，宝宝的确需要额外补充钙剂或钙片，有一些补钙产品的确会使大便干燥。但是，导致大便干燥甚至便秘的原因有很多种，不能单纯地从一个方面下定论，需要综合排除有可能引起宝宝便秘的因素，再来做判断。如果怀疑这种补钙产品会引起宝宝便秘，可以先暂停观察宝宝的大便情况有没有改善，再根据观察结果来调整或更换给宝宝服用的补钙产品。

我家的宝宝需要营养强化食品吗

7

信息发达给我们带来好处的同时，也制造了越来越多的困惑。就拿补充剂和营养强化食品来说，家长们来咨询宝宝营养问题的时候，常常把关注点放在"补什么？怎么补？"上，而不是怎么安排一天的饮食结构。

家长们总担心宝宝"不够""不全"，某种程度上来说，其实是家长的心理缺口，而不是宝宝的营养缺口。在这个竞争激烈的社会，万事都不输别人，这是每个家庭"不得不"选择的方向。

营养学有个信条：日常摄入的食物中包含机体所需的绝大多数营养物质。

怎么理解呢？就是说天然食品的各种营养素配比有其合理性，补充品虽然能提供部分维生素和矿物质，但天然食物提供的营养才是综合的，比如许多植物性天然食物，如粗杂粮、干豆类、蔬菜、水果等，除了我们熟知的各种维生素、矿物质以外，还含有大量的、品种繁多的膳食纤维、多糖、黄酮、多酚等。到目前为止，虽然食品加工业高度发达，但这些物质还很难通过补充剂全面获得。

而且，很多营养素之间是有协同作用的。什么是协同作用呢？简单来说就是一帮一、几帮几、你帮我、我帮他的相互关系。就好像我们日常生活中的关系网，庞大而复杂，不是一根线两根线就能覆盖的。可以说，到目前为止，还没有哪一款补充剂能完全弥补不良膳食结构所产生的副作用。

因此，我们需要牢记一点：补充≠需要≠科学。不过，现在越来越多的营养强化食品出现在朋友圈里、网上商城里、电视广告里、公交灯箱里……确实会让家长们心里不踏实：既然有这些食品，是不是意味着日常生活中容易缺乏呢？对于正处在生长发育阶段的宝宝，是不是更应该重视这些容易缺乏的营养素呢？

AD钙宝宝面条、高钙宝宝饼干、钙铁锌肉松、高维生素C糖果……有没有觉得，一旦有某个营养素出现在食品名称中，我们就会不自觉地多看它两眼？

为什么？因为它们跟我们司空见惯的面条、饼干、肉松、糖果不一样！它们看上去"更有营养"。然而，在付款之前，我们需要先了解下面这些内容。

何为"营养强化食品"

是指为了保持食品原有的营养成分或为了补充食品中所缺乏的营养素，而向食品中添加一定量的营养强化剂，以提高其营养价值的食品。食品中需要强化的营养素包括人群中普遍供给不足的，或由于地理环境因素造成地区性缺乏的，或由于生活环境、生理状况变化造成的对某些营养素供给量有特殊需要的，等等。婴幼儿营养强化食品是基于不同区域和生长发育期的宝宝的营养缺乏水平及营养需求，以常见食品为载体来加工生产的，目的在于补充幼儿易缺乏的营养素，且不改变饮食习惯。

从上面的概念里，我们应该至少读懂三点：婴幼儿营养强化食品的受众并非是所有的宝宝；饮食结构大致均衡的宝宝们，常常无需强化食品；因为地理环境、生活条件、生长发育状况的受限或改变，而对某些营养素的供给量有特殊需求的宝宝，有可能（只是有可能）需要这些强化食品。

◇◇◇◇◇◇◇◇◇◇◇◇◇◇◇◇

婴幼儿营养强化食品的常见类别有哪些

针对宝宝的生长发育需求而设计的强化食品中，以下几种最为常见。

维生素强化食品：婴幼儿配方奶粉普遍全面强化了各种维生素；普通液态奶或奶饮料、部分食用油中强化了维生素 A、维生素 E 或维生素 D；某些品牌的面粉中添加了维生素 C、维生素 B_1、维生素 B_2 和叶酸，以弥补因加工过于精细而造成的损失；饮料、果泥、米粉等婴幼儿食品中则更强调添加维生素 C、维生素 B_1、维生素 B_2 等水溶性维生素。

钙强化食品：婴幼儿配方奶粉、普通液态奶、酸奶、豆奶、饼干、糕点、米粉、果汁等。

微量元素（如铁、锌等）强化食品：婴幼儿配方奶粉、液态奶、米粉、酱油（如铁酱油）、食盐（如碘盐、核黄素盐）等。

益生菌、双歧因子或益生元强化食品：婴幼儿配方奶粉、酸奶、乳酸菌饮料、米粉、液态奶、豆奶、饮料等。

氨基酸强化食品：婴幼儿配方奶粉（如牛磺酸）、面粉（如赖氨酸）等。

脂肪酸（如 DHA）强化食品：婴幼儿配方奶粉、食用油、液态奶、米粉、婴幼儿罐装辅食等。

营养强化食品真的更有营养吗

答案是：不一定（婴幼儿配方奶粉除外）！

理由有四个。

第一，前面说了，宝宝营养强化食品大多是基于各生长发育期的宝宝容易出现的营养问题，有针对性地对"个别容易缺乏"的元素进行了适量添加和调整。但是，这个"适量"是否适合每一个宝宝的营养需求，是不能确定的。比如说：宝宝甲有"缺钙"的表现，但并不是因为钙缺乏引起的，而是因为维生素 D 摄入不足，那么，吃钙强化饼干，能解决问题吗？不能！

第二，数值才是硬道理！如果食品包装上强调了"锌"的强化，但营养成分表里锌的强化量微乎其微，又何苦为了这形同虚设的一点点强化量去额外掏腰包呢？

第三，如果宝宝饮食中已经摄入了足够量的某种营养素，比如维生素 C，那么，强化维生素 C 的食品对他而言就是多余的。

第四，有些食品本来就不是什么营养均衡的食品，比如糖果，对宝宝的健康饮食习惯、健康口味培养、体重、口腔健康等都没有好处，仅仅为了它强化的一点点某种完全可以从天然食物中获得的营养素就买来给宝宝食用，其实得不偿失。

◇◇◇◇◇◇◇◇◇◇◇◇◇◇◇◇◇

需要说明的是：婴幼儿配方奶粉与其他营养强化食品不同，因为这一类产品是有单独的国家标准的（食品安全国家标准婴儿配方食品，现行标准号为 GB 10765—2010），对各种营养素的添加量和配比、污染物及真菌毒素限量、微生物限量、食品添加剂和营养强化剂、产品感官、包装标签等多方面进行了严格的限制。

面对这些营养强化食品，如何为宝宝合理选择和添加

建议家长们牢记以下两大原则。

基础原则：谨遵医嘱，查漏补缺。

操作原则：不盲目从众，不重复补充，不过度强化，不长期依赖。

小贴士

宝宝生长发育的营养来源主要是一日三餐，就算是需要这些营养强化食品，也一定要在儿科医生及临床营养师的共同指导下，基于饮食情况，缺什么补什么。既不要跟别的孩子比，也不要盲目追随广告宣传。

应根据地域或家庭的饮食结构或习惯进行合理选择，有的放矢地补充最缺乏的营养素。例如：日照少的地区，可给宝宝选择强化了维生素D的食品；不爱吃杂粮的家庭，可选择强化了B族维生素的面粉；拒绝食用动物肝脏的家庭，可适当食用强化了维生素A的食品。

营养素的补充并非多多益善。如果在食用营养强化食品的同时还在给宝宝服用某些营养补充类药剂，则应将补充剂适当减量。例如：大量或频繁地给宝宝吃添加了维生素A或维生素D的食物时，应相应地减少鱼肝油的补充量，以免因蓄积过量而产生毒副作用。若宝宝同时存在多种营养素的缺乏，应根据各种元素缺乏的轻重程度有计划地逐一强化，避免同时强化许多种。

另外，不要长期依赖营养强化食品，以免导致宝宝某种营养素摄入量超标或使其他营养素的吸收受影响。例如：高钙食品摄入过多会造成磷排出量增加。

对于营养强化食品，家长们一定要慎重选择，聪明补充，让营养强化食品合理为宝宝的健康"锦上添花"。

小胖墩和小豆芽的出现是现代社会特别常见且非常令人担忧的营养健康问题。胖嘟嘟和细溜溜各有各的隐患，各有各的成因，不重视不纠正，日后就会成为阻挠宝宝德智体美劳全面发展的绊脚石。

纠正胖与瘦，离不开饮食行为的调整与食物的选择。如何搬开绊脚石？上完这堂课，你会恍然大悟。

第 六 课　　○　饮食行为和喂养难题

正确判断宝宝是否挑食偏食，你担忧对了吗

1

伴随着宝宝开始广泛接触各种固体食物，爸爸妈妈们新的担忧也随之出现：挑食、偏食开始成为最让家长头疼的饮食问题。很多家长跟我诉苦：无论自己怎么变着花样给宝宝做辅食或三餐，都难让他顺利张嘴。即便是吃，往往也就是象征性地吃几口，让害怕他们吃不饱吃不好的大人们不知如何是好。

上海市一项针对 1~6 岁儿童饮食行为问题的流行病学调查结果显示，儿童挑食发生率随年龄的增长而上升，从 1 岁组的 12.2% 上升到 6 岁组的 49.2%。而就实际的发生率而言，家长"报告"的挑食偏食的情况是高于实际发生率的，也就是说，家长更容易因为自己"认定"的挑食偏食行为而焦虑。

我们先来看看挑食偏食是如何被定义的：因拒绝某些食物导致摄入食物的量及种类不足。摄入食物种类有限，拒绝某些特殊种类的食物，不愿尝试新食物，特别喜欢某种气味和味道的食物。

偏食挑食只有在宝宝的食物选择非常有限或食物选择性非常强的时候，才能被界定。对于那些只是挑挑拣拣，但还是可以喂几口进去的情况，其实是因为喂养方法不当而导致没能建立起健康的饮食习惯和进食行为，并不能被归为挑食偏食。

那么，我们膳食中的食物种类，多少才算合适呢？平均每天摄入 12 种以上食物，每周 25 种以上。乍一看，让宝宝能够广泛摄入这么多品种的食物，对于一个普通家庭而言是很难实现的，但其实这个数包括了我们最常吃的大米、白面、鸡蛋、牛奶在内，所以，从谷薯类、蔬菜水果类、畜禽鱼蛋奶类、大豆坚果类中总共摄入 12 种食物，也并非一件很难实现的事。摄入食物的种类，多少才算受限？才够得上是挑食呢？

◇◇◇◇◇◇◇◇◇◇◇◇◇◇

轻至中度挑食：每周食物种类不少于 10 种，宝宝通常不会完全回避某一种类、质地或黏稠度的食物。生长发育并没有受影响，也没有其他的医学问题。

重度挑食：每周食物种类不足 10 种，宝宝会完全回避某一种类（食物过敏不能算在内）、质地或黏稠度的食物。生长发育已经明显受影响，或者伴随有其他的医学问题。

所以，很多被家长们描述为"特别挑食"的宝宝，其实只是他们吃的食物种类相比于家长的期盼值略少，多样性稍差，但并没有少到存在明显的营养素摄入不足，也没有因此而导致生长发育偏离了自己的生长轨迹，充其量算是轻度挑食。

◇◇◇◇◇◇◇◇◇◇◇◇◇◇

有研究证实，很多挑食的宝宝，由于他们能够从零食或奶类中获得一部分能量，因而如果以身高体重来衡量，他们的生长在同龄孩子中并没有明显差异，即便体重偏轻一些，但仍然处于正常范围内。由此可见，就算是宝宝出现了轻度的挑食，家长也不要焦虑过度，不要因此而使情绪紧张，给喂养和饮食教育增加难度。

那么，有没有被家长误认为是挑食，实则不是的情况呢？肯定有！最为典型的就是宝宝进入幼儿期，即跨入他们生命中的第二年的时候。宝宝在婴儿期（1 岁以前）的生长发育速度是他们人生中最快的阶段，从满 1 周岁开始，人体的生长速度就会出现明显的减慢，新陈代谢速度的改变会导致宝宝们的食欲相应下降，对热量等营养素的需求量也会下降，吃得没有 1 岁前多，身高体重的增长速度也明显没有以前快。但是，很多家长缺乏这方面的知识，认为宝宝应该还像婴儿期一样火箭般地冲刺，当父母的期望值和宝宝的实际发育速度出现明显差距的时候，父母们往往会主观地误认为宝宝"挑食"了，并因此更加关注饮食问题。所以偏食、挑食问题其实是源于父母的关注度和焦虑，而并非宝宝自身。

还有的时候是因为宝宝根本就不饿，或者身体不舒服等。

● 了解挑食真正的成因

环境 / 遗传因素：有临床对照研究发现，妈妈孕期的饮食构成对于胎儿出生后的食物喜好和辅食添加难易程度会造成影响。这与食物中的一些成分可以通过羊水被胎儿吞咽并形成记忆相关。再就是家庭成员的饮食习惯和饮食结构，无疑会导致宝宝的"复制"，例如当全家人都不爱吃萝卜的时候，这种食材出现在餐桌上的概率和被大人称颂的可能性微乎其微，宝宝又怎能"意外"地爱上萝卜呢？毕竟对一种新鲜事物的接纳，是建立在反复接触并视为安全的基础上的。

厌新或恐新心理：辅食添加阶段，不是每一种食物都能很快被宝宝顺利接受。很多家长在给宝宝试了一两次某种食物但被宝宝拒绝后，就盲目断定宝宝"不爱吃"并停止尝试。事实上，对宝宝而言，他们不会一开始就认为这种食物是可吃的、安全的。而就在他们还在纠结和认知的过程中时，如果家长停止尝试，宝宝会这样想："妈妈不再给我做这个东西了，那一定不是好东西"，他们还会因此而对这种食物产生恐惧心理，因为在他们看来，只有好东西才会被妈妈反复给予自己。所以，这是父母亲手培养出的挑食。

◇◇◇◇◇◇◇◇◇◇◇◇◇◇◇

口腔功能异常：6~8 个月是宝宝训练咀嚼吞咽功能的敏感期，一些家庭因为担心孩子吃不好、咽不好而未能及时进阶食物的质地和硬度，进而错过了这个敏感期，导致宝宝咀嚼吞咽能力的协调性差。另外，进食障碍也会影响这一功能。这也是为何蔬菜和肉是 4~36 个月宝宝中最常出现的被"挑"食物。

口味或气质过于敏感：每个宝宝的味蕾发育和气质类型都是不同的，这会影响他们接受新食物的速度。例如，口味敏感的宝宝，偏向于更为细软的食物；不敏感的宝宝，则更容易接纳质硬块大的食物。气质敏感或安全感稍差的宝宝，接受新食物的速度和反复次数比性格粗枝大叶的宝宝要慢且多，因而他们在辅食添加过程中，需要家长给予更多的耐心。

因为感觉不佳而厌恶食物：一部分宝宝会因为我们无法得知的原因（比如不喜欢食物的颜色、气味或形状，或者曾经在进食这种食物的时候有过极为不愉快的经历，如因刺激而强烈呕吐等）而对某些食物特别"没感觉"，甚至"厌恶"。

孤独症患儿：这种患儿也容易出现挑食。

综上所述，正确分辨挑食偏食，避免盲目焦虑和错误干预，对自己和宝宝都是一种解脱。

《中国居民膳食指南 2016》中对于成年人每天摄入 12 种、每周 25 种以上食物的具体推荐是这样的——如果量化一日三餐食物的"多样"性，建议参考如下指

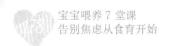
标（1 岁以上的孩子也可参考此推荐）：

谷类、薯类、杂豆类的食物品种数平均每天 3 种以上，每周 5 种以上；

蔬菜类、菌藻类和水果类的食物品种数平均每天 4 种以上，每周 10 种以上；

鱼类、蛋类、禽肉类、畜肉类的食物品种数平均每天 3 种以上，每周 5 种以上；

奶类、大豆类、坚果类的食物品种数平均每天 2 种，每周 5 种以上。

按照一日三餐食物品种数的分配：

早餐至少摄入 4~5 个品种；

午餐摄入 5~6 个品种；

晚餐摄入 4~5 个品种；

零食摄入 1~2 个品种。

对于上述食物归类，谷类、杂豆类、薯类具体指：谷类，不仅仅指大米、白面，还包括更大范围的粮谷类食物，我们称之为"全谷物"，包括稻米、小麦、大麦、燕麦、黑麦、黑米、玉米、裸麦、高粱、青稞、黄米、小米、粟米、荞麦、薏米等；杂豆类，指除了大豆之外的红豆、绿豆、黑豆、花豆；薯类，包括马铃薯（土豆）、甘薯（红薯、山芋）、芋薯（芋头、山药）和木薯。

小贴士 ————————————————————————

每天 12 种、每周 25 种，虽然是对成年人的建议，但一样值得家长们用来作为对孩子们食物种类的参考。毕竟，食物种类越多，花样越丰富，营养摄入越全面。

宝宝不爱吃饭，这样做就对了

2

前文为大家分析过挑食偏食的问题。那么，对于那些算不上挑食偏食行为，但吃饭也确实"不给力"的宝宝，家长应该如何帮助他们加以改善呢？

增加食物种类

场景：小黄豆 1 岁 3 个月，爸爸妈妈因为工作原因总是出差，大多数时间由爷爷负责带养。最近两个月，孩子一直饭量不大，吃饭的时候吃几口就不吃了，所以体重增得也不好。爸爸妈妈担心小黄豆挑食，但困惑是，当偶尔跟爸爸妈妈一起参加与其他几个家庭的聚会时，饭量好像也不小。

一家四口来咨询营养师，问到每天食物的品种，爷爷说怕孩子吃不了干的，所以大多数时候就是菜粥和番茄鸡蛋面换着吃，额外再喂点儿水果和奶。

点评：老人带孩子，因为年龄生理特点（比如因牙齿松动吃不了硬东西、消化功能减弱，等等），在安排食物的时候，容易出现孩子饮食"老龄化"的特点——稀、清、淡、软、单调。但是，孩子毕竟不是老人，单调重复的食物种类更容易降低他们对食物的兴趣，如果每天都是千篇一律的番茄鸡蛋汤面或馒头、豆浆、鸡蛋羹，再听话的孩子也不可能保持对三餐强烈的渴望（所以小黄豆在食物品种丰富的时候，明显更有食欲，饭量自然增加）。更何况，食材的品种越丰富，越有助于让

孩子全面摄入人体需要的各种营养素，满足生长发育的需求。而在食物选择的基础上，烹调方法的改进、食物色香味的搭配调整，都是要被重视起来的。

小贴士 ————————————

出现这类问题，千万不能责怪老人，他们不可能意识到问题的根源，更何况他们带宝宝是非常辛苦的。所以，一定要在避免家庭矛盾的前提下，科学、耐心地引导老人改善喂养方法。

满足多种营养素的需求

场景：娜娜 2 岁了，1 岁半时断的母乳。从那以后，家长觉得孩子能吃饭，就没太注重给她继续喂奶，只是一天三顿正餐外加些水果。然而，娜娜在辅食添加初期并没有特别理想地接纳较多品种的食物，咀嚼能力锻炼得也不好，所以，三顿饭基本只吃面条和粥，其他诸如肉末、菜叶等食物，一律都会被她吐出来或干脆不肯吃进嘴里，只是偶尔能吃上半个鸡蛋羹。半年下来，孩子的体重一点不长，脸色也是黄黄的。

点评：除了增加食物种类，还要考虑在饮食摄入不足的情况下，尽可能地满足多种营养素的需求。首先，可以考虑继续选择适龄的配方奶作为宝贝的主要奶类食物（配方奶中各种营养成分的配比较鲜牛奶而言更丰富、更全面，能对三餐摄入不足情况下孩子的营养进行有效补充）。

保证正常的生长发育

再次强调：请家长务必了解清楚什么才是正常的生长发育。

不是跟"别的同龄人"比，不是跟"父母的期望值"比，不是"越高越好、越胖越好"，而是按照孩子自己的生长曲线保持正常的生长趋势！

有关生长曲线，前面的内容中有详细讲解，这里就不重复了。

挑食偏食的孩子往往会向"豆芽菜"的方向发展，瘦瘦小小、面色不佳。增加能量和蛋白质的摄入量，是帮助这些宝贝纠正生长发育速度的重点。家长们往往误以为多吃肉蛋奶就能长得"又高又壮"，并因此忽视了富含碳水化合物的谷薯类食物的摄入量，但恰恰是这些被忽视的食材，能够为宝宝的生长提供最基础、最坚实的能量保障。

家长要学会情绪控制和喂养方法

一说到吃饭，就唠唠叨叨地说宝宝这也不爱吃，那也不爱吃；面对努力准备了半天而宝宝却只吃了几口的饭菜，满脸的无奈、失望和烦躁；饭桌上不停地给宝宝夹这夹那，嘴上不住地劝宝宝再吃一口；讨价还价，承诺宝宝只要吃完这几口饭菜就能得到奖励；明明宝宝不爱吃某种食物，偏要逼迫他吃，不吃就斥责……

以上场景，相信大家并不陌生，面对挑食偏食的孩子，要想永远保持足够的耐心，对家长们，特别是年轻的父母们而言，确实是个挑战。然而，焦虑、责备、威逼利诱，都不能真正解决问题，学会因势利导地"引导"宝宝逐渐接受既往让他们不喜欢的食物，才是救势之道。

其实，孩子们对于食物的要求和感受是有别于成人的。比如，孩子对于一顿饭中餐桌上颜色的需求是成人的 2 倍，对食物种类的需求比成人的 2 倍还多。并且，孩子们不喜欢自己的餐盘里、面前的餐桌上堆满了食物，他们更喜欢有"留白"，太多太满的食物会让他们有压力。所以，家长可以试试这样做：把希望他们多吃点

的食物放在他们目光所及之处的右下角；把食物切成他们爱吃的样子或者摆盘的时候摆成有趣的形状；用一个大盘子装上"一丢丢"食物，用大量的空白减小他们的压力，同时吸引他们的好奇心——今天怎么只给我一口食物？是不是不吃就没了？

另外，餐次的安排也有讲究。对于大多数挑食偏食的宝宝而言，他们正餐的进食量可能未必令人满意。所以，可以在两顿正餐之间安排加餐，以营养相对丰富、热量较足的食物为宜，比如酸奶＋水果块、酸奶＋坚果、面包＋花生酱等。

食物的"改革"有讲究，"改革"的内容包括口感、味道、形状、摆盘、名字等。任何有可能让食物"摇身一变"的因素，都需要被重视和调整。

例如，如果宝宝不喜欢吃蘑菇，不妨用"可以吃的小雨伞"等名字来吸引他（当然，前提是换了烹调方式）。而对于不爱吃米饭的孩子而言，做成小动物形状的饭团（用其他配料做出鼻子、眼睛等五官），至少会在第一时间引起他的注意，让他略生好感——好感是培养接纳度的第一步。

如果宝宝在正餐餐桌上出现了不好好吃饭，边吃边玩，饭含在嘴里不吃，拖延时间，进行破坏性行为（如摔东西）等表现，你可以跟他商量终止进餐，等到饿的时候再吃。千万不能批评责骂，讨价还价，威逼利诱，强制喂养。否则只能适得其反，不仅无法让宝宝吃进去，反而会增加他对进食的不安和排斥，会让挑食厌食愈演愈烈。

有些年轻气盛的父母，为了能让宝宝接受不喜欢的食物，干脆一餐中全部安排这类食物。结果，宝宝不仅完全接触不到他爱吃的东西，还要面对平时抵触的食物，这对任何人的心理都是挑战。这种极端的做法会让孩子的心理阴影层层叠加，对"吃饭"这件事更加恐慌和抵触。

要想让宝宝接受更多的食物，一定要循序渐进，从出现在餐桌上，到靠近他的小碗，到给他夹一点点，到夹几口……慢慢帮他接纳这种食物。与此同时，餐桌上至少要有一种食物是孩子喜欢的，绝不能让他感觉这顿饭是对他的"惩罚"。

注重"核心"食物

粮谷类和薯类：提供能量的主体，并且可以提供钾及其他营养素。

脂肪类：各种植物油及花生、坚果、芝麻等。

蛋白质含量高的食物：肉、蛋、鱼、奶制品、豆制品。

在上述基础上，再尽量丰富食物种类。

在专业人士的指导下使用营养补充制剂

一部分家长因为担心孩子饮食中营养摄入不足，总想通过给宝宝服用一些营养补充制剂来"查漏补缺"。如果你也有这样的想法，请一定不要自己盲目购买营养补充制剂，也不要轻易听信某个电视广告或某个亲朋好友的推荐，就认为孩子可以服用。请一定要提前咨询儿科医生及儿科临床营养师。

小胖子养成记

3

●肥胖从什么时候开始

前文说完了总冒出来跟咱家孩子比的"别人家的"胖小孩，就不能不聊聊我们身边常见的一个现象：儿时胖乎乎，长大胖墩墩。其实，小胖子的养成也是从婴儿，甚至从胎儿期开始的。

在深聊这件事之前，我们先来看两组数据。

西方发达国家的孩子：美国官方权威机构疾病预防控制中心（CDC）官网上的数据显示，2011~2014 年间，美国全国 2~19 岁年龄段的幼儿、儿童、青少年中，约有 17% 的孩子被诊断为肥胖。

中国的孩子：有人对 1326 篇有关中国孩子肥胖情况的文献做了汇总。结果发现，从 1981~1985 年到 2006~2010 年这 25 年间，中国超重和肥胖的孩子的数量正在飙升！并且，分别以每年 8.3% 和 12.4% 的速度增加！这惊人的数字意味着每 10 个孩子里就有一个在往超重甚至肥胖的方向发展！

需要警示家长们的是：在这些胖娃娃中，男孩比女孩多，城市孩子比农村孩子多，幼儿（2~5 岁）发生超重和肥胖概率的增长速度是最快的。

在前文中，我们提到了一个概念——"生命早期 1000 天"。这个时间段是从受精卵开始到宝宝满 24 个月，也就是两周岁为止。这大约 1000 天的时间是我们每个人一生中最重要的基础奠定时期。所以说，当父母们在谈起孩子身长体重和发育速度的时候，其实已经晚了一步，真正的起步应该是从受精卵，甚至是从备孕期开始的。

现在，已经有大量研究发现，女性如果在备孕期的整体营养状况不够理想，且孕期的饮食结构和运动情况也不是特别科学，其实等同于没有给孩子打好健康的基础。

●肥胖的先天和后天

针对肥胖，我们要分两步考虑。

第一步是先天的"土壤"——母亲的身体。宝宝就像种子，若父母的身体不够健康，就像种子没有在特别合适的土壤中生长，那么种子发芽以后，我们是按照生长在好土壤里的标准去要求这颗种子呢？还是按照目前已经形成的现状来对待这颗种子呢？

第二步是后天的"培育"。如果无法弥补先天的不足，我们应该怎样去接纳现状并尝试改善呢？在这个过程中，很多父母可能会通过"施肥"——过量地加强营养等一些并不科学的方法盲目加快孩子的生长，"拔苗助长"的结果，往往就是打破自然规律，干扰孩子自己的生长趋势，隐患大于受益。

这也就是你们看这本书可以得到的启示：孩子生长不达标，难道一定是营养

不足吗？是不是曲线"零"点处的值就是偏低的呢？如果是土壤不够肥沃，最初小苗从土里冒出来的时候就不够强壮，甚至是小种子自己就不够饱满，那么，孩子现在的生长速度，对他的身体而言可能已经很努力了。站在父母的角度，当发现孩子长势不理想的时候，先不要盲目"施肥"，而是应该去咨询一下专业人士，评估并找到问题的根源。

"土壤"合格的情况下，过度培育会发生什么结果呢？看看下面这个气球的故事就知道了。

● 100 个气球和 1000 个气球

婴儿期实际上是人一生中体内脂肪细胞数量猛增的一段时间。下面举个例子来说。

我们暂且将婴儿的体重增长比作买气球。如果婴儿体重增长过快，或者说生长发育超出了标准，就相当于我们多买了无数个气球。好比，应该买 100 个，结果买了 1000 个，甚至 10000 个。

这些气球最初堆满空间的时候，婴儿看起来只是肉乎乎、胖嘟嘟的，看着没什么大问题，等到孩子再长大一些，甚至到了青春期，我们会发现孩子跟气儿吹的一样"膨胀"起来了，为什么？

人体内的脂肪分为两种类型：白色脂肪细胞和棕色脂肪细胞。让我们看上去胖嘟嘟的脂肪主要是白色脂肪细胞，它们的特点之一就是体积可以膨大很多很多倍，功能相当于一个"能量银行"！也就是说，它们可以最初看上去就是个蔫蔫的没怎么打气的气球，但是一旦有多余的脂肪存储进来，它们就如同被打了气的、具有超级弹性的气球一样，膨胀到令我们吃惊！

所以，一个人的胖瘦程度，很大程度上取决于白色脂肪细胞的数量和体积。数量越多，往这些脂肪细胞里存储脂肪的量越大（导致脂肪细胞体积增加），这个人看上去就越胖。

◇◇◇◇◇◇◇◇◇◇◇◇◇◇◇◇

现在，我们回到刚才那个气球的比喻。想象一下，现在有两个孩子，一个孩子手里只有 100 个气球，另一个孩子手里有 1000 个气球，在他们成长的过程中，我们往这些气球里打气，如果往每个气球里打的气是一样多的，那么1000 个气球"胀大"后的总体积一定比 100 个气球大得多，对吗？气打得稍微多一点，手持 1000 个胖胖气球的孩子就会比手持 100 个气球的孩子显得更强壮。我们再把气球换成孩子体内的白色脂肪细胞，假想一下这些气球都在孩子的身体里面……画面是不是令人不忍直视呢？

◇◇◇◇◇◇◇◇◇◇◇◇◇◇◇◇

所以，如果纵容了脂肪细胞数量的增加，日后它们体积的增长就更难控制。也就是说体内白色脂肪细胞数量多的孩子，长大以后如果猛吃猛喝，不注意饮食，那么他发生超重或肥胖的概率、长胖的程度一定比那个白色脂肪细胞数量少的孩子严重得多。

这就是婴儿期在喂养上"拔苗助长"的结果。三岁看大，一点儿都没错，就算日后可以通过控制饮食和调整生活方式来避免，但所要付出的努力和可能存在的风险会比那些只有 100 个气球的宝宝大得多。

不仅出生体重正常的宝宝不能拔苗助长，早产儿、低出生体重儿、小于胎龄儿更要警惕。虽然他们需要追赶生长，但追赶的速度是有国际标准和限度的，不是说一味地"超常发挥"就是好事。追赶到合适的程度就需要"刹车减速"了［一般指的是追赶上同月龄的足月宝宝，而最理想的情况是生长指标达到生长曲线图的25~50 百分位左右（用校正月龄）］。不然，会跟前面气球故事的结果一样。至于标准，每个孩子起点不同，需要个体化对待，所以，带宝宝去看儿科保健医生和营养师，缺一不可。

●肥胖带给孩子的危害

肥胖症是一个临床诊断！它是一种慢性代谢性疾病，意味着身体处于炎性和疾病状态。虽然"胖乎乎"这三个字听上去挺可爱的，但老百姓眼里的"可爱"，却是医生眼里的"可怕"——很多慢性疾病的发生都是肥胖惹的祸。最早的从儿童期就开始，晚点发生的拖到成年期，也基本上跑不掉——高血压、高脂血症、高胆固醇血症、2 型糖尿病、心血管疾病、一部分骨骼问题，等等，基本上都离不开肥胖这个基础问题。

小胖子是如何养成的？

吃进去的热量 > 消耗掉的热量！

一些被家长认为是"健康"的食物，却并不像大家以为的那样"没热量、不长肉"。它们包括水果、果汁、肉、鱼虾、酸奶……所有那些大家概念里"高蛋白、低脂肪"的食物，都容易被忽视其热量的存在！蛋白质是一种供能营养素，所以，它是会提供热量的，换句话说，当全天饮食摄入的热量已经可以满足孩子的需求时，多出来的量，无论是来自肥肉、米饭，还是鱼虾，都会以脂肪的形式囤积在脂肪细胞中。

当然，小孩子长得紧致，胖宝宝并不会像成人肥胖那样看上去松垮垮的，所以父母容易不当回事……等真正引起重视的时候，往往已经晚了，一些疾病隐患已经埋下。

小贴士

儿童患糖尿病的种类有哪些？

糖尿病是以高血糖为特征的代谢性疾病。儿童以1型糖尿病较常见，但随着人们生活水平的提高和生活方式的改变，肥胖儿童日益增多，儿童2型糖尿病的发病率也呈增长趋势。有关资料显示，我国中度以上的肥胖儿童中，2型糖尿病的发病率已达1.4%，同时以每年10%的幅度增长。这表明儿童已加入了过去以成年人为主要发病人群的2型糖尿病大军。

怎么瘦回去？

带孩子去医院找营养师，个性化设计"管住嘴、迈开腿"的方法，让孩子在一段时间内不长体重，只长身高。

面对"小豆芽"，我们要不要施点儿肥 4

当有些家庭为"小胖子"担忧的时候，另外一部分家庭却在为"小豆芽"发愁。而且，"小豆芽"的问题还不在少数。其中一大部分"小豆芽"都是被家长悉心照料的。所以，家长们都很诧异：吃得不差啊！做得也挺精细啊，怎么就是不长肉呢？

遇到宝宝体重不达标，家长们最常见的反应是：我得给他加营养！需要补点儿什么了！

接下来的反应会是：钙、铁、锌、维生素，先补哪个，后补哪个？补多少合适？

还有些家长会问是不是应该给孩子吃些有机食品？要不要每天喝点儿鸡汤？

所以，到底要不要补呢？知道这个答案之前，我们需要先来分析一下究竟都有哪些原因导致了"小豆芽"的形成。

形成原因一：膳食不均，主副颠倒

很大比例的瘦宝宝家长都有这样一个误区：肉蛋奶最有营养，要让宝宝多吃。问及原因，回答非常一致："这些食物蛋白质含量高，可以让宝宝长得更高更壮更聪明！"

我们想象一下，对于我们大人而言，如果我们每顿在最饿的时候都先用大鱼大肉安抚胃口，等到想吃主食和其他素菜的时候，胃里还可能有地方装吗？

这样安排食物的量和比例，会导致什么结果呢？

动物性食物在胃内消化时间较长，会让宝宝一直处于"不饿"甚至"过饱"的状态，从而会影响下一餐的进食量。

动物性食物以蛋白质和脂肪为主要营养成分，二者的供能速度不及富含碳水化合物的粮谷类食物，后者在胃内的消化速度要快得多。

受成人健康饮食观念的影响，很多家庭选择给宝宝只吃纯瘦肉，故而从肉中可以获得的脂肪的量很少，而脂肪是提供热量、帮助长体重的重要能量物质。换句话说就是：吃进去的高蛋白消化慢、提供热量慢，还影响了吃更多供能高的食物，最终导致总体热量摄入不足，体重长不上去。

形成原因二：饮食清淡，油水不足

双职工家庭养育宝宝最大的困难就是如何兼顾职业与家庭，于是只能让老人来帮忙带娃。于是，在吃饭这件事上，也充分体现了老年人的饮食特点——清淡！

他们的饮食很少放油，也几乎没有动物脂肪，甚至主食都是汤面烂粥等。可是这些过于清淡的饮食根本无法满足宝宝的生长需求，宝宝怎么可能长得壮实呢？

不过，需要提醒各位父母，老人有自己的生活习惯和生理心理局限性，要多与老人沟通，科学、耐心地引导，不要一味地责怪。

形成原因三：辅食延迟，升级缓慢

这种情况常常发生在超级"心疼"宝宝的家庭中。这里的"延迟"指的是辅食进阶、升级的延迟，而非辅食添加初始时间的延迟。那么，真正的问题出在哪里？问题出在由泥糊样食物向颗粒状食物和手指食物过渡的阶段。

很多宝宝在初次接触颗粒状食物的时候，都会因为"异物感"而出现不适应的干呕、呛吐（这个吐，不是喷射性呕吐，而是将呛着自己的食物块原封不动地吐出来）。这会让心理承受能力差的家长无比恐慌，担心万一把宝宝呛坏了，食物堵塞了气道可怎么办？所以，很多家长采取了延缓添加的策略。结果让宝宝错过了咀嚼练习的敏感期，他们对真正"固体"食物的学习和接纳阶段被错过，导致后期辅食的能量密度和营养素密度跟不上生长发育的需求，整体生长发育速度在接近 1 岁或 1 岁后，出现明显停滞甚至下滑。

为了避免"因噎废食"，最好的办法是家长学会判断和处理"小意外"，同时，在喂颗粒状或手指食物的时候，要对宝宝的生存及适应能力有信心，并面对面地示范给宝宝看，教会宝宝如何咀嚼、如何吃，这样会大大减少意外的发生，也能让宝宝对食物有足够的安全感。

宝宝若有异物进入气道，会因保护性反射出现明显的呛咳。如果异物没有被排出体外，会一直有刺激性的干咳、烦躁、无声哭泣、呼吸困难、口周颜面青紫、四肢抽动但发不出声来，并有憋气、呼吸不畅等症状。如果并没有持续的呛咳出现，宝宝的不适症状很快好转，脸色红润、呼吸顺畅、精神佳、食欲好，说明食物并没有进入气道。

对于呛入气道却没有咳出来的食物，可以采取下述方法处理：让宝宝趴在家长的膝盖上，头朝下，托着胸，用一只手的掌根拍击宝宝的两个肩胛中间的位置，拍击五下后把他翻过来，头依然保持冲下，在两个乳头连线中点的下方，用两根手指进行五次冲击式按压，再翻转过来，再拍击五下……这样周而复始，直到异物被冲出来为止。

不过，只要辅食的稠度和硬度是正常"晋级"的，且没有在宝宝进食的时候逗笑、惊吓或责骂，且喂养手法正确，基本不会有食物呛咳到气道里的可能。

形成原因四：依赖母乳，食物摄入不足

纯母乳喂养的宝宝，有一部分会因为对妈妈的依赖而"不那么喜欢"母乳以外的食物，家长也会仗着母乳量充足，而由着宝宝不好好吃饭，以为辅食吃得少没关系，用母乳补充就行了。

这类宝宝跟前一类一样，到了将近 1 岁或者 1 岁后，由于母乳量跟不上生长发育的需求，而固体食物的进食能力还很欠缺，就会由小胖墩变成小豆芽。若那个时候再去纠正，难度系数就要高很多。

所以，劝告母乳喂养的妈妈们：真正的爱是让宝宝学会"生存"，毕竟你们不可能一辈子提供母乳。到了辅食添加阶段以及进阶阶段，请增加跟宝宝的语言沟通，让他们知道吃饭和吃奶都是不可缺少的，喂饭和喂奶都是妈妈爱他们的方式。

另外，宝宝饿的时候，换个家长先给他喂辅食，比先喂母乳或者由妈妈自己喂辅食成功的概率要高一些。当然，一个讲究科学喂养的妈妈，自己也完全可以胜任。辅食喂养是否成功，关键不在宝宝，而是妈妈。

形成原因五：吃饭靠喂，围追堵截

没有培养出来自己吃饭的好习惯，或者说被剥夺了这个权利，宝宝是很难对食物有足够兴趣的。没有兴趣，又如何能投入呢？慢慢就会形成恶性循环。

无所不在的加工食品

5

随着宝宝的成长，小朋友们之间的交往越来越多，跟着大人一同出门的机会越来越多，有可能接触到的食物也越来越多，比如超市货架上琳琅满目的加工食品。

家有宝宝的父母们大多是 80 后和 90 后，也大多是职场爸妈，快捷的购物途径和紧张的作息时间，让他们更倾向于采购便捷的加工食品。

一来，这类食品比较能够安抚宝宝——各种香味！而且随食品包装赠送的各种小玩具、小卡片，极大地调动了宝宝的好奇心。

二来，万一宝宝不好好吃饭，用加工食品弥补饭量，更容易让他们张嘴，这样可以减轻父母对于吃不饱的担忧。

三来，万一没空做饭，加工食品又便捷又好吃，对于不擅长烹饪的父母而言，是最好的帮厨。

可是，所有看上去"诱人"的因素，往往容易表里不一，给我们带来便利的同时，必须要让我们付出一些代价。要想知道原因，以及会让我们付出什么代价，需要先了解什么是加工食品。

加工食品就是运用工业制造的流程和化学配方来制造的食品。

既然是市场化的产物，就意味着竞争的存在。就食品而言，最强有力的竞争手段无非是以下几点：味道、安全性、便捷程度、外包装及广告代言。就是否可以吸引宝宝而言，毫无疑问最重要的是口味。

可是，食品加工过程中，势必会改变食材本身的口味和卖相，要想让人欲罢不能，只能求助于糖、盐、脂肪、食品添加剂。并且，大多数吸引宝宝的加工类食品都是高糖高脂的。如果你不相信，可以买个电子秤，按照产品外包装上的营养成分表，称出等量的糖和油，看看是不是会让你大吃一惊。

◇◇◇◇◇◇◇◇◇◇◇◇◇◇◇◇◇

再或者，换个方法想象一下：一块没有加糖、盐、油、增色剂等的饼干，味道像什么？

是不是像馒头干？

所以，为了了解加工食品，我们还必须知道食品添加剂是什么。

根据我国食品卫生法规定，食品添加剂是为改善食品色、香、味等品质，以及因防腐和加工工艺的需要而加入食品中的人工合成物质或者天然物质。目前我国食品添加剂有 23 个类别、2000 多个品种，包括酸度调节剂、抗结剂、消泡剂、抗氧化剂、漂白剂、膨松剂、着色剂、护色剂、酶制剂、增味剂、营养强化剂、防腐剂、甜味剂、增稠剂、香料等。这些添加成分在国家规定的用量范围内使用，对于代谢能力强的成年人而言，基本是安全的。但是，对于宝宝而言，情况就大不一样了。他们的代谢能力不及成年人，各个系统的免疫能力也不及成年人。而家长们给宝宝们吃的加工食品，大多数都是成年人的，而非婴幼儿配方食品。要知道，国家针对婴幼儿可以食用的加工食品，是有另一套更严格的检验标准的，所有符合标准的产品，才能称为"婴幼儿配方食品"。那么，我们平时给宝宝们吃的加工食品，有多少标有"婴幼儿配方"字样呢？

我曾为某知名母婴杂志写过一篇专栏，依据 2015 年美国公益环保组织 EWG（Environmental Working Group）的一份分析评级报告，就婴幼儿加工食品写了一些收获感言，这份报告涵盖了 8 万多款美国市场销售的婴儿食品，从营养、原材料及加工处理方式这三个方面，逐一对这些食品的加工度、添加剂使用、营养指标及安全性等进行了打分。1 分是最好，10 分是最糟，结果出乎意料，许多被妈妈们熟知甚至经常海淘的热门商品的评分都不尽如人意，甚至是大跌眼镜。

评分的标准来自下述三个方面的综合评定。

营养指标。包括热量、饱和脂肪酸、反式脂肪酸、蛋白质、膳食纤维、添加糖、钠等，同时将水果、蔬菜和坚果含量等因素也考虑在内。

原材料。将可能存在的主要污染物、农药、激素和抗生素、某些食品添加剂对健康的影响等因素考虑在内。

加工处理程度。评分因素包括整体食品中个别成分的改变，以及人工成分的数量。

EWG 将这三个分数汇总，得出一个产品的总体评分。那么，宝贝们热爱的、妈妈们放心的各类食品的营养真相是怎样的呢？下表中列出了一些。

一些常见加工食品的营养评分及综合评价

食品类别	评分	综合优点	普遍不足
溶豆	7	蛋白质含量高 有机类产品中较少或未使用抗生素	食品添加剂、糖、香精是硬伤 一部分产品按重量计算含有 57% 的糖

食品类别	评分	综合优点	普遍不足
麦片类谷物	6	蛋白质含量高 富含膳食纤维	食品添加剂 未具体标明成分的香精
泡芙条	6	全谷物含量最高	中度量的食品添加剂 少量反式脂肪酸 未具体标明成分的香精 有成分可能来自使用了抗生素/激素/生长促进剂的动物
星星米饼	5	无	中度量的食品添加剂 可能含有砷含量高的大米和米制成分 未具体标明成分的香精 额外添加了糖
香脆饼干	6	无	中度量的食品添加剂 少量反式脂肪酸 未具体标明成分的香精 额外添加了糖
其他饼干类	4~4.5	部分产品的蛋白质和膳食纤维含量较高 获得有机认证的产品中所使用的有机乳制品，在生产过程中大多未使用抗生素	少量反式脂肪酸 未具体标明成分的香精 额外添加了糖/糖浆/蜂蜜
谷物棒类	2	蛋白质含量高 膳食纤维含量高 低加工度	可能含有砷含量高的大米和米制成分
泡芙类	4	蛋白质含量高	少量反式脂肪酸 未具体标明成分的香精 额外添加了糖/糖浆/蜂蜜 可能含有砷含量高的大米和米制成分

续表

食品类别	评分	综合优点	普遍不足
酸奶类	< 4	有机乳制品未使用抗生素 天然钙的优质来源 每 100 克产品中的蛋白质 含量达标 低加工级别	平均每份含有 2~3 茶匙的天然糖
果汁类饮料	4	有机认证产品多 不含人工或工业成分 低加工级别	平均每份含有 3 茶匙的天然糖 个别产品每份含有 4 茶匙的天然糖
蔬果泥及其他果蔬类	1	有机认证产品多 不含人工或工业成分 含有有机肉类产品的蔬果泥，所用肉类食材在生产中未使用抗生素 低加工级别	部分蔬果冰沙按重量计算含有 14%的糖，每份额外添加 3 茶匙天然糖

虽然 EWG 的这次评分只是针对美国市场上的婴儿食品，只给中国妈妈参考用，但我们可以经此看到，含有各种食品添加剂、额外添加糖和香精，是市售婴儿加工食品普遍存在的问题。因此，健康零食或加餐食物的选择，还是要以家庭自制食物为主体，而不要因为图省事、快捷、美味等，一味地使用市售食品全面代劳。

有些家长可能比较困惑：你说的食品添加剂有健康风险，大家都知道。那么，其他诸如糖、反式脂肪酸等，对宝宝究竟有什么不好的影响呢？还有，我们怎样分辨这些添加成分的多少呢？这些内容在后文中有介绍。

加工食品要谨慎选择 6

我们初步了解了什么是加工食品之后，需要了解加工食品对宝宝健康的威胁主要来自以下几个方面。

第一，高糖高脂制造出高热量

细数一下我们最常采购的加工食品，大多是含大量添加糖／脂肪的高热量食品，如：方便面、汉堡、薯片／薯条、比萨、奶油爆米花等；夹心饼干、酥皮点心、酥性饼干、西点蛋糕、华夫饼干、蛋卷雪饼、蛋挞等；水果罐头、果脯蜜饯、山楂糕、果丹皮、琥珀桃仁等；巧克力、冰激凌、雪糕、奶昔等；火腿肠、肉脯、肉松、卤蛋、鱼片等；各种含糖饮料、果汁、果冻、奶茶等。

糖和脂肪对人类最大的贡献就是源源不断地提供热量，维持生理活动并帮助抵御寒冷。而御寒这一功能是要通过脂肪组织来实现的，脂肪组织就像一个暖水袋，如果没有脂肪储存，它们只能是干瘪瘪的，除非有剩余的能量物质转化成脂肪，这些暖水袋才能变得鼓囊囊的，当然，这时候的身体看上去一定是"胖嘟嘟"的。

这些剩余的能量物质从哪儿来呢？如果将脂肪组织比喻成银行，将脂肪比喻成人民币，那么，所有可以被存进银行的钱，哪怕只有一分钱，都不会被身体置之不理。换句话说，那些被我们吃进去的糖、脂肪和蛋白质，只要被身体吸收进去，

在满足了当天的需要后，剩余的就会被我们的身体转变成"可以存入银行的人民币"，以备不时之需。

所以，当本来可以直接食用的水果被做成果脯后，额外摄入的热量一定是不可低估的，而本来简单朴素的一块发面饼，往往因为在上面叠加了许多奶酪、火腿、烤肠等，做成了比萨，从而导致了热量摄入的翻倍。这些，最后都让脂肪组织这个暖水袋变得鼓囊囊，让我们的宝贝长得胖嘟嘟。

不仅如此，添加糖还会增加龋齿的发生率，小牙齿坏掉的代价可不只是"虫牙"这点儿事，它会关系到恒牙和牙床的健康。牙口好，胃口才好，别让龋齿影响了吃的乐趣，更别因此影响了营养的摄入。

第二，反式脂肪酸对健康有百害而无一利

反式脂肪酸通常是将植物油经由工业"氢化"技术处理后产生的，与一般植物油相比，人造反式脂肪酸具有耐高温、氧化稳定性好、不易变质、风味独特、口感更佳、存放更久、成本更低廉等优点。

反式脂肪酸在美国的快餐业中被普遍使用，脆皮面包、炸薯条和甜甜圈等食品，常常是使用这类脂肪制作的。此外，一些能使面点酥松的油脂、人造黄油和用于油炸的食用油均可能含有人造反式脂肪酸。所以，如果糕点制作行业想要降低成本、延长保质期，反式脂肪酸也会成为他们的选择。

反式脂肪酸对健康的影响可以说是有百害而无一利的。无论是对于血胆固醇、血液黏稠度、2 型糖尿病的发病风险、肥胖、哮喘、过敏、癌症、一般肿瘤，还是对于婴幼儿的智力发育，都具有非常不利的影响。

另外，还需要提醒的是，反式脂肪酸是可以通过胎盘以及母乳转运给胎儿和婴儿的！

第三，钠盐过量不利于宝宝的身体健康及口味的培养

看到这里，我不知道有多少人会长舒一口气——我们家从来不给宝宝买咸味的加工食品。

可是，你们对食品加工并不了解。不知道你们是否听过这样一句话："要想甜，有点儿咸"？说的就是食品中那些"隐形"盐。

◇◇◇◇◇◇◇◇◇◇◇◇◇◇◇

面包、果冻、蜜饯、饼干、蛋糕、奶酪、冰激凌……这些吃上去很甜的食品，都是藏盐专业户，它们尚且如此，就更别提那些咸味的食品了。钠盐摄入超量对于宝宝的危害，除了对血压和肾脏无益，还会导致宝宝将来成为"重口味"，那就需要进一步担心他们的心脑血管健康和癌症的高发风险了。举个例子，美国有研究发现，患有后天性高血压的儿童，在婴幼儿时期基本上都食用过钠盐含量不少的食品，虽然这些食品就味道而言，真的吃不出什么咸味来。

第四，食品添加剂是隐形杀手

前文中我说了那么多有关食品添加剂的知识，以美国当地的婴幼儿配方食品为例，谈到了各种添加成分的抽检情况，就是想让家长们明白一点：你们做了那么多努力，防农药、防雌激素、防抗生素，最后却让宝宝通过加工食品吃进去一大堆添加剂，实在是功亏一篑。

非营利性机构"iearth—爱地球"发布的《中国9城市儿童食品添加剂摄入情况调查报告》显示，有九种孩子常吃的零食含添加剂较多。其中方便面、乳饮料、

薯片、冰激凌、饼干等食品所含的添加剂较多。

一包方便面最多可含有 25 种食品添加剂，常见的有谷氨酸钠、焦糖色、柠檬酸、叔丁基对苯二酚等。方便面对健康有多不好，不用我多说了吧？

蜜饯往往含有糖精、甜蜜素、柠檬酸、山梨酸钾、苯甲酸钠等，果冻中常见山梨酸钾、柠檬酸及卡拉胶。

冰激凌中普遍含有人工香精、增稠剂、人工合成色素等。

膨化食品中的色素、味精和香精含量较高。

肉干、鱼干、火腿肠、午餐肉等多用防腐剂、味精和亚硝酸盐等帮助增味防腐。

饼干中的焦亚硫酸钠、柠檬酸、山梨糖醇含量不少。

薯片中可能含有两种被禁用于婴幼儿食品的添加剂——谷氨酸钠、5'- 鸟苷酸二钠等。

膨化食品和油炸食品需要加入膨松剂，铝含量会因此超标。

最后要特别说一说辣条，大多数都属于三无产品，跟街边的烧烤面筋无异，而且在那个基础上还加了人工合成色素和防腐剂，极其不宜给宝宝食用。

◇◇◇◇◇◇◇◇◇◇◇◇◇◇

食品添加剂可能给婴幼儿埋下的健康隐患：苯甲酸钠会破坏维生素 B_1；柠檬酸、山梨酸钾会影响钙营养状况；一部分人工合成色素会加剧多动症患儿的症状；部分人工合成色素、谷氨酸钠、山梨酸钾会导致哮喘、喉头水肿、鼻炎、荨麻疹、皮肤瘙痒以及神经性头痛等过敏症状；亚硝酸盐可能在体内生成致癌物亚硝胺；膨松剂中的铅、铝含量如果超标，会影响智力和骨骼发育；甜味剂阿斯巴甜或安赛蜜等，虽然在容许剂量内使用对健康并无影响，但依旧会让孩子们因此更加依恋甜味，更"嗜甜"。而如果过量食用，对肝脏和神经系统会有一定程度的影响。

油煎或经烘烤的香脆食品中，普遍含有丙烯酰胺，尤其是含丰富碳水化合物且又薄又脆的食物（代表食品为薯片）。在国际癌症研究机构对致癌物质危险程度的5级分类中，丙烯酰胺被列为第2级，致癌可能性较高，与汽车尾气对人体的危害程度相等。

那么，卤蛋、肉松、海苔、烘烤制作的蔬菜干及各种饮料呢？

篇幅有限，不想一一列举，但是它们都含有各种添加剂，否则，不能有那么长的保质期和诱人的口感。

说了这么多，中心思想其实只有一句话：丰富自己的烹调手艺，尽量以家庭自制食物为主吧，没有什么加工食品能比新鲜食材加工出来的一桌菜肴更健康、更温暖、更有利于一家老小的身心健康！

警惕糖衣炮弹！糖的摄入要适量 7

糖衣，是指包在药物外面的一层甜味的薄膜。用糖衣裹着的炮弹，比喻经过巧妙伪装使人乐于接受的进攻性手段。糖衣得以成功伪装的原因，就在于它是"甜"的。甜，舌尖上的"甘"，能够让我们的舌头产生愉悦的甘美感受——可见甜味强大的力量。但是，也正是因为甜味太过于"威猛"，才使得我们会容易对其着迷并沉溺其中。

大脑和整个神经系统都是"甜口宝宝"——极度偏爱葡萄糖，并依靠它供应能量。跟"不挑食"且"顾全大局"的肌肉不同，大脑及神经系统不喜欢用脂肪来作为能源。因此，一旦血液中的葡萄糖含量下降到低于一定水平，大脑的工作效率也会随之下降，进而出现注意力难集中、思考速度延缓、思维迟钝、昏昏欲睡等表现。而当葡萄糖严重"供不应求"时，大脑就会"罢工"，出现眼前发黑、意识模糊等低血糖现象。

因此，如果一个人一整天都在用脑，不论是学习、思考，还是打游戏，只要是长时间高强度地进行脑力活动，对葡萄糖的需求都会增加，血糖就像供给的粮草一样，要源源不断地输送给大脑。可是，一旦库存告急，血糖因为大脑的过量使用而降低到一定程度，人体就会有明显的饥饿感，食欲上升，对食物的渴求度增加，尤其是淀粉类食物或甜食。

颇为有趣的是，2016 年 8 月刊登在国际期刊 *Cell* 的一篇来自德国科学家的研究发现，我们的大脑可以主动地从血液中吸取糖（这里的糖，指的不是我们放进嘴里的白砂糖，而是指食物中的碳水化合物经身体消化吸收后转化成的葡萄糖），而非过去人们曾经一直以为的被动过程。更令人惊讶的是，研究发现，负责吸收糖的并非是我们一直以为的"神经元"，而是一种占据大脑细胞数量高达 90% 之多的"神经胶质细胞"。这个新发现令科学家们很兴奋：这种机制的工作原理或许可以帮助改变我们治疗肥胖的方法。

❋❋❋❋❋❋❋❋❋❋❋❋

那么，爸爸妈妈们可能要问了："糖衣"和大脑用糖之间有什么关系？"炮弹"又指的是什么呢？在回答这个问题之前，我们先看看下面这段文字。

英国的一项研究发现，学龄期孩子每天添加糖的平均摄入量高达 75 克。这个量如果用茶匙来计量，大约要装 19 勺！有没有觉得很惊人？ 75 克的量已经达到了膳食指南中对同龄人的推荐摄入量上限（19 克）的将近 4 倍！其实，中国孩子们每天的额外添加糖摄入量同样不可小觑。那么，这些糖都藏在哪些食品中呢？除了我们最常见的糖块，还有含糖饮料（包括乳酸菌饮料）、果汁（无论是否鲜榨）、奶昔、冰激凌、糕点、甜品、巧克力、各种酱料（如番茄酱、甜面酱等）。并且，前三者中的糖含量已经占据了总摄入量的 40% 之多。伯明翰大学公卫学院教授 Peymane 是这样总结的：等量的果汁和奶昔中的糖含量对于健康的害处，一点儿都不逊于含糖软饮料里的糖。然而，家长们往往认为果汁是"健康"选择——因为它们"含有水果"。

欧洲肥胖研究组织对于食品中"糖"的担忧与日俱增。平均而言，5 岁孩子一

年的糖摄入量几乎等同于他自己的体重，我们可以想象一下，数十千克的糖堆起来，能有多高？它们对孩子们进入青春期及成人期后的健康产生巨大威胁，尤其是各种饮料，对癌症和心血管疾病的不良影响举足轻重。虽然，这些健康风险不会立刻表现出来，但它们已经通过体重的数值，向家长和全社会敲响了警钟：英国孩子的肥胖发生率在全欧洲是最高的，3 岁的时候，肥胖率就已经高达 1/4，而同时伴随非常严重的龋齿出现。

那么，中国儿童的肥胖率呢？我们一起了解一下。中国疾病预防控制中心妇幼保健中心儿童卫生保健部研究员蒋竞雄教授发表的《全国儿童肥胖干预指南》一文中明确指出，2013 年中国儿童营养与健康监测结果数据显示，5 岁以下城市儿童超重肥胖患病率为 23.2%，农村儿童超重肥胖患病率为 20.1%，全国肥胖儿童约有 2700 万。怎么样？是不是同样触目惊心呢？事实上，经济的发展、生活水平的提高，让人们从过去的物质匮乏迅速跨越到了过度丰盛，但与此相伴的却是体力活动的日益不足。儿童肥胖远比成人肥胖更让人担忧，会给孩子们的身心健康带来多方面的困扰，举例如下。

身体脂肪比例增高，会造成酸性代谢产物的蓄积增多，蛋白质、脂肪、碳水化合物代谢紊乱，导致疲困乏力、瞌睡、易饿易激、懒惰不动。

引起高脂血症、脂肪肝、高血压等。部分儿童因肥胖导致性发育提前或障碍，男孩出现隐睾、乳房膨大等性器官和性征发育障碍，并出现遗精提前；女孩则出现性早熟或月经异常，导致其成年后的性功能障碍和生殖无能。

影响儿童的头形发育和骨骼发育，容易长成 X 形或 O 形腿、扁平足。生活自理能力下降，身体抵抗力下降，容易患消化道及呼吸道疾病。

过度肥胖导致呼吸系统功能下降，血液中二氧化碳浓度升高，大脑皮层缺氧，儿童学习时注意力不易集中，影响儿童的智力发育。

现在，大家应该明白为何我要说"糖衣炮弹"了吧？简单解析就是，那些看上去非常甜蜜的食物，都是包裹着一堆热量的"炸药包"，累积到一定量的时候，会毁掉孩子的健康！所以，不要被甜蜜外衣蒙蔽双眼，不要让糖类摧毁健康，是每一个家长的功课。那么，真的就要彻底忌口吗？当然也不是，浅尝辄止地让孩子们感受食物的美好，也是生活中不可或缺的一部分。这就需要家长们多学习一些相关的知识，知道如何辨别食物中添加糖的含量，适当容许，控制总量，就能让愉悦与健康兼顾了。

小贴士

正常情况下，一瓶 500~600 毫升的含糖饮料/果汁/果汁饮料中的添加糖的量是不少于 45 克的，相当于 10 块方糖，个别产品甚至超过 50 克，其中一部分饮料（如雪碧、可乐等）含糖量高达 65 克左右。而 1 小根巧克力棒的含糖量约为 35 克，1 大勺冰激凌的含糖量在 25~30 克之间，100 克巧克力的含糖量不低于 25 克（牛奶巧克力和白巧克力的含糖量更高）。

需要特别提醒中国家长的是：蜂蜜＝糖，蜂蜜水＝白糖水！

所有加工食品的外包装上都有营养成分表和配料表，仔细阅读里面有关添加糖（蔗糖、果糖、葡萄糖、麦芽糖、蜂蜜等）的信息，帮助孩子避免糖的过量摄入。

7

宝宝就怕生病，不仅身体出现各种不适，还吃不下喝不下，眼看体重往下掉，特别让家长揪心，着急给宝宝赶紧"补"回来，又怕吃得不对影响了病情，真比大人自己生病还难受。

针对不同常见病，怎样安排饮食才是科学合理、事半功倍的呢？发热时真的不能吃鸡蛋吗？腹泻时真的不能喝牛奶吗？抓紧给宝宝"补上"高热量食物真的就能增强抵抗力吗？不同疾病有什么"小窍门"食谱吗？你会在这堂课中一一找到答案。

第 七 课 ○ 生病的孩子怎么吃

宝宝发热时的饮食建议

1

在说饮食建议之前，我们先来了解一下发热这件事会给宝宝的身体带来怎样的影响。

我们先来想象一下，将一锅冷水烧开的过程中会有怎样的物理现象。随着水温的逐渐升高，水面开始出现大大小小的气泡，然后开始有水蒸气出现，温度越高，挥发出来的水蒸气越多。

如果将发热过程中的人体想象成一个被加热的水壶，就不难理解宝宝身体的变化了：正常情况下，我们喝进去的液体无论是来自食物，还是直接饮用白开水，只要摄入量正常，都可以满足身体新陈代谢对水分的需求。但是，如果体温升高，甚至是出现了发热的症状，就会有大量的水分随着体温的升高、毛细血管的扩张而经由宝宝的皮肤和呼吸道蒸发。不止于此，发热一定是因为宝宝的身体受到了病原体的袭击，身体会为了对抗袭击而启动一系列免疫反应。这些免疫"战士"在对抗袭击的过程中需要携带装备，水就是其中的一部分。也就是说，宝宝的身体在对抗病原体的过程中，对水分的需求量是猛增的。

所以，家长不难发现，不少宝宝会有小便量减少、小便颜色黄、大便干燥难解、口唇干燥的表现。大小便的减少会影响代谢废物和体内毒素的排出，增加肠道对代谢废物的重吸收，这时候，合理的饮食调整就能够帮助宝宝应对这种困境，减少发热对身体的不良影响，加速疾病的恢复。

因此，护理发热宝宝的重中之重就是通过饮食提供充足的水分！并且，在足量饮水的基础上，适当增加水溶性维生素、钾、钠元素的摄入量。钾和钠都是汗液的组成成分，发热中的宝宝如果有了大量出汗的现象，势必会造成这两种营养素有一定量的流失。很多维生素是我们身体内各种代谢活动的重要辅助因子，它们也是对抗病原体必备的"武器"，所以，对抗病原体会造成一些维生素的损耗。正因如此，及时补充意味着可以帮助身体增强防御能力。

除了水分，发热饮食护理的关键词还包括多休息、少油腻、不"大补"。

不少家庭容易走入一个疾病护理误区——宝宝生病了，更需要体力对抗疾病和辅助治疗。下面的对话场景，相信很多家长都不陌生：

宝宝发热这么久，也没怎么好好吃饭，小脸都瘦了一圈，应该吃点儿好的补回来。

越是生病越要多吃，不多吃，怎么能有体力抗病呢？

发热，需要降温，应该给孩子吃点儿凉的。

赶紧给宝宝吃点儿补品，有助于增强抵抗力。

吃不下饭，那就只喝奶，多喝奶。

按理说，小宝宝出现发热感冒是常有的事情，但是，对于没有经验的年轻父母而言，往往倍加焦虑，顾此失彼。有的父母只注意孩子的药物治疗而略了患病期间的营养调配；有的父母虽然意识到了孩子饮食调理的重要性却又不得要领，为食欲不佳的宝宝盲目进补。

家长对宝宝抵抗力的及时重视是没有错的。但是，需要加强一些知识储备。发热期间的宝宝，皮肤血液循环加速，身体会因此而自动做调整，这是身体的一个自我保护机制：减少消化道的供血量，降低食欲，避免内外同时工作量加大而给身体造成"过劳"。所以，消化道的蠕动和消化吸收能力都会减弱，宝宝也自然而然地不想吃东西。

面对身体的自我调整，我们更应该去"迎合"而非"对着干"。这个时候，高热量、高脂肪、高蛋白食物不仅不能帮到宝宝，反而会损伤肠胃，增加额外的负担。而那些相对简单清淡的食物反而更加适用。

6 个月内纯母乳喂养的宝宝，妈妈需要增加自己饮食中水分及新鲜果蔬和粗粮的摄入量，有助于增加乳汁中钾、维生素 C、部分 B 族维生素的排出量。虽然纯母乳喂养的宝宝是不用喝水的，但是在发热期间，由于体表温度升高、排汗增加、呼吸频率加快，会让宝宝经由皮肤和呼吸道流失更多的水分，所以，即便是母乳喂养，也建议在两顿奶之间给宝宝适当喂水，帮助身体快速恢复。另外，妈妈在哺乳前半小时要喝 1 大杯水，帮助增加母乳里的含水量。不少妈妈为了宝宝的病情焦虑，忽视了自己的饮食，导致母乳量不足或母乳含水量不足，对宝宝的病情恢复是不利的。

6 个月以上添加了辅食的宝宝，依旧以易消化的母乳或配方奶为主。配方奶喂养的宝宝家长要注意：不要改变奶的浓度！有些书或网络来源的信息建议把奶冲稠些或冲稀些，这些方法都是不可取的，比较安全和科学的做法是维持正常的浓度，根据宝宝自己的接受量和需求量喂养。比较适合宝宝的辅食为：含水量多、烹调得较为彻底的半流质食物，如藕粉、米粥、烂面条、疙瘩汤、土豆泥、山药羹、发糕等，加了蔬菜和更多水的鸡蛋羹、蛋花蔬菜疙瘩汤等。

宝宝发热期间的食物选择注意事项如下。

传言中发热不能吃鸡蛋，并没有充足的临床数据来证实这句话的正确性。鸡蛋所含的蛋白质是最符合人体需要的优质蛋白质，吸收率非常高，可以有效补充发热过程中身体里蛋白质的消耗量。不过，身体在消化蛋白质的过程中容易因为食物热效应作用而致使体温略有升高，且身体消化高蛋白食物需要更多的水分。所以，鸡蛋是可以吃的，但需要适当增加水分的摄入量。另外，鸡蛋的烹调方式要易于消化，比如鸡蛋羹、蛋花汤等，要避免吃煎鸡蛋、炸鸡蛋或者单独吃太多煮鸡蛋。

但是要注意，体温高于38.5℃的宝宝，就先不要吃鸡蛋了，他们此时的消化能力弱，好消化的粮谷类食物会更适合他们的肠胃，也能更快补充发热中的体力消耗。

新鲜果蔬不能少（特别是含钾多的菠菜、土豆、山药、香蕉、柑橘等），需要将蔬菜切得碎一些，煮得比平时软一些，减轻胃肠负担。水果可以生吃常温的，也可以煮在粥里或者拌在酸奶里吃。

至于蛋白质，除了奶和蛋类，消化状况尚可的宝宝可以喂些嫩豆腐，以及鸡胸肉、猪里脊等很嫩的肉碎。鱼肉和虾可以吃吗？如果宝宝从不过敏，当然可以，注意要量少些，辅助多喝些水。最好选择肉质很松的鱼，虾和肉质较为紧实的鱼最好暂时不要食用（肉质过于紧实，消化过程更为缓慢）。

除了前面说的要多喝温开水，不腹泻的宝宝还可以适量吃点百合银耳羹、蔬菜汤、绿豆汤。汤羹中的水分含量比较高，同时还有一定量的钾离子、钠离子、无机盐和水溶性维生素，很适合宝宝在吃不下东西的时候补充需要的营养成分。

宝宝患呼吸道疾病，饮食有特殊要求吗 2

呼吸道出现问题的时候，宝宝最常见的症状和饮食问题是什么呢？

因为上呼吸道感染或肺炎而有咳嗽症状的宝宝，很容易因剧烈咳嗽而引起食物呛咳甚至呕吐，严重的时候，常常是一咳嗽就把胃里所有的东西都吐得干干净净，不论食物、水，还是药。

伴随流鼻涕症状的宝宝，尤其是小宝宝，他们因为鼻塞而处于"两难"的状况：一方面是饿得不行，想吃；但另一方面是一吃东西、一喝奶，宝宝就处于"协调无能"状态，吃两口喝两口就必须停下来喘气，吃喝与呼吸成为不可调和的矛盾。宝宝因此急得哇哇大哭，妈妈却完全不知为何而哭，各种焦虑掺杂在一起，实在令人忧心。

但是，了解了宝宝在患呼吸道疾病过程中的生理特点、进食困难的原因，相信爸爸妈妈们就可以松口气了：找到了症结，就能有办法解决。

针对咳嗽剧烈的宝宝：家长们需要观察宝宝咳嗽的规律和节律，宝宝并不会一直不停地咳，总会有相对轻缓或相对剧烈的时候，特别是在服用镇咳药之后。选择在宝宝咳嗽得不那么频繁和剧烈的时候喂食，更能保证有效吃进去的量，见缝插针地少量进食，多喂 1～2 个餐次，准备一些松软易吞咽、偏固体的食物会更为合理，一方面不会因为食物的口感和大小不适令宝宝咳嗽加剧，另一方面偏固体的食物含水量少，进入胃里后不太容易被咳吐出来。比较好的选择包括发糕、不含奶油的小蛋糕、馒头、花卷、小饼、香蕉、煮得软烂的苹果和梨等。

针对鼻塞严重的宝宝：建议在医生的指导下选用一些喷鼻的喷剂，再用宝宝专用的棉签或吸鼻器将堵塞鼻子的分泌物取出。临时性地解决了鼻塞问题后，抓紧时间喂奶，有助于减少上文中提到的因为鼻塞而吃奶时哇哇大哭的现象。再者，减少剧烈的哭泣，自然可以少吞咽一些空气，也就减少了因为胃肠胀气而影响进食的发生。

那么，就食物选择而言，有何特殊要求呢？

饮食务必清淡！清，指的是不要过于油腻或刺激；淡，指的是不要过于咸或甜。无论哪一种，量多了都会刺激呼吸道，加重症状。

前面说过了，咳嗽会让宝宝经呼吸道流失大量水分，补充水分因而尤为重要，充足的水分除了满足身体正常代谢需求、补充咳嗽造成的流失以外，还有助于稀释痰液，帮助痰液的咳出。因此，除了多饮水，饮食中还要安排含水量大的蔬菜汤、米汤、羹类食物，并增加萝卜、荸荠、莲藕、黄瓜、番茄、梨等含水量多的果蔬。

维生素 A，这种大家都熟知的脂溶性维生素，有助于增强呼吸道黏膜上皮细胞的抵抗力。维生素 A 在动物肝脏中的含量最高，因此，可以适当给患呼吸道疾病过程中的宝宝多吃一点儿。另外，深色蔬菜水果中的胡萝卜素可以在体内一部分转化成维生素 A。对于不想吃动物肝脏或者吃得少的宝宝，可以增加富含胡萝卜素的食物（如胡萝卜、南瓜、番茄、绿叶菜等）的进食量。

维生素 C 可以加速受损细胞的修复，味道不是特别酸或特别甜的新鲜果蔬都是不错的来源。其实，别小看了蔬菜里面的维生素 C，一点儿不比水果逊色，而且

蔬菜里有很多植物化学物质，可以有效帮助宝宝加快恢复。

咳嗽的宝宝多会食欲不振，食物的烹调方法和品种选择需要多变换，尽量选择蒸、煮、炖等清淡的烹饪方法。

咳嗽会大量消耗宝宝的体力。很多宝宝在剧烈咳嗽之后常常表现出精神欠佳、疲惫无力，吃饭也会因为精神差而没有食欲，没有胃口，这种情况下给孩子一些热量相对较高的半流质、易消化的食物，会更有利于他们恢复体力、缩短病程。如很松软的面包、发糕、蔬菜饼、碎面条等都是不错的选择。烹调的时候还应该尽量选择一些有特殊香气的、容易开胃和刺激食欲的食材（比如柠檬、番茄、菠萝、香菜、香醋等），有利于促进他们的食欲，改善本来并不是很好的胃口。

小贴士 ————————————————————————————

有研究发现，反复上呼吸道感染的宝宝，饮食结构异常、未按时添加辅食、挑食、偏食的概率都比健康婴幼儿高。这部分宝宝上呼吸道感染的反复发作可能是因为饮食结构不合理导致微量营养素缺乏。微量元素铁、锌、铜等的摄入不足导致免疫功能降低，形成恶性循环。因此，对于反复上呼吸道感染的宝宝，除了要遵医嘱接受常规的抗感染治疗，还应当调整饮食结构，以实现有效提高宝宝免疫功能、增强抵抗力的目的。

再次强调一下：按时添加婴幼儿辅食，戒除偏食、挑食等不良饮食习惯，增强机体免疫功能，才是宝宝健康成长最有力的保障。

腹泻宝宝，吃对才能好得快 3

　　腹泻，恐怕是除发热以外第二种令父母普遍焦虑的疾病了。无论是细菌感染还是病毒感染，对于小宝宝而言都是打击很大的。上吐下泻，补液难、进食难，让宝宝和爸爸妈妈都很痛苦。

　　很多家长对于宝宝腹泻期间究竟要不要吃、吃什么、吃多少，一直非常困惑，比如下面这些担忧：

　　吃下去的东西都吐了，宝宝会饿坏的。

　　好几顿没好好吃饭了，吃的东西又都是稀汤的，根本没有营养，该营养不良了。

　　不让宝宝吃肉和蛋，蛋白质也没有，宝宝怎么恢复啊？体力跟得上吗？

　　好不容易好点儿了，得赶紧把之前亏空的都补上。

　　要不要补点儿"高营养"的东西？

　　家长们的担忧也是可以理解的，基本上只要拉肚子宝宝就会瘦，而且，真的是需要少则一两周、多则1个月的恢复时间，才能把体重"追"回来。

　　一些没有经验的年轻父母，有可能会担心又吐又拉的状况会饿坏宝宝，并急于给宝宝补充食物。但这样做只会让宝宝吐得更频繁，拉得更严重。原因很简单：宝宝此时的胃黏膜很脆弱，稍有食物入内就容易因胃内机械压力骤然增高而引发再次呕吐，而肠道也容易出现动力性腹泻。

因此，一般情况下，如果宝宝存在频繁的呕吐或者在 12 小时内剧烈腹泻达 10 次以上，那么短时间的禁食（6~8 小时，不能超过 12 小时）是必要的（禁食不禁水），目的在于减轻胃肠负担、让肠道休息。此时，通过饮用口服补液盐、糖盐水、自制含盐米汤等补液是非常必要的。当然，我们希望家长尽量选择口服补液盐来补充水分和电解质，因其配比更符合宝宝们的生理特点。糖盐水和自制含盐米汤是在没有口服补液盐的情况下最后的选择。

◇◇◇◇◇◇◇◇◇◇◇◇◇◇◇◇

补液的正确服用方法是"少而慢"地服下。注意不要使用奶瓶或杯子给宝宝补液，最好使用小勺或注射器，少量、缓慢地喂液，每隔 1~2 分钟喂 1~2 小勺，这样能保证喝进去的液体不刺激胃肠，不会被吐出来（若喝进去的再都吐出来，还不如不补）。

至于食物，暂时先不要急着给宝宝喂饭喂奶。没有什么比尽快恢复水和电解质平衡更重要的了。要知道，喂进去的那几口奶/饭菜不仅很快又会被吐出来，还会因此而带出来更多的胃液和之前补充的水分，得不偿失。

如果宝宝基本不再呕吐，腹泻也没有那么剧烈了，是不应当禁食的。合理饮食可以帮助宝宝减少体液流失，加快体力恢复和肠道修复，避免因肠道黏膜萎缩而增加营养不良的发生概率。

母乳喂养的宝宝，由于母乳中包含很多有利于增强宝宝免疫力的营养素，因此，但凡有母乳一定是鼓励吃母乳的。不过，对妈妈饮食的要求是清淡不油腻。要减少高脂肪食物的摄入（如排骨、香肠、猪蹄等），多喝水或清汤；每次喂奶前 20~30 分钟先给宝宝喂少量温开水，喂奶时长略短于平常，保证 3~4 小时的喂养间隔，喂食过程中要增加拍嗝次数。母乳的喂养量应随宝宝病情的好转酌情逐渐增加，直到宝宝的肠胃耐受能力恢复到正常奶量。

尚未添加辅食的配方奶喂养的宝宝，要根据宝宝的消化能力合理喂奶。建议在宝宝腹泻病程中适当减少奶量 [减少（1/3）~（1/2）]，如果症状较重，还需略延长喂奶间隔。注意：不要因为腹泻就将配方奶稀释，这是不科学的。

如果宝宝因腹泻而继发乳糖不耐受（吃奶后，甚至在吃的过程中，肠蠕动加快，排气明显，大便有气泡），建议临时使用不含乳糖的奶粉替代常用奶粉喂养，待痊愈后再逐渐替换回去。部分特殊的替代产品，如游离氨基酸无乳糖配方营养粉、深度水解蛋白无乳糖配方奶粉等，对于一些腹泻症状非常严重的宝宝，能更有效地减轻胃肠负担，增加营养素的吸收，帮助病情恢复。但是，此类产品一定要在医生的指导下使用，并非只要是腹泻就适用。

曾禁食或一两日内几乎未吃东西的宝宝，刚恢复进食时，应从稠米汤及很少量的奶开始，逐渐过渡至稀米粥或米粉，再到普通烂粥，由少至多添加食物。症状重的宝宝每天可适当减少 2~3 次奶，用米汤、藕粉等以淀粉为主的食物替代，此后酌情逐渐增加奶量并减少流食量。

1 岁以内已经规律添加辅食的宝宝，建议暂停添加动物类食物、叶类菜、水果、糖水等 2~3 天。白天尽量以烂米粥或米糊喂养，再搭配 3~4 次奶，此后随着宝宝腹泻量以及腹泻次数的减少，酌情逐渐增加食物量，提高硬度，并逐渐恢复低脂低纤维食物的添加。

1 岁以上的宝宝暂停添加水果、果汁、蜂蜜，而含糖饮料、蔗糖水或冰糖水、酸奶、麸皮饼干、奶油饼干、蛋糕以及其他含油脂多的食物，本来就不适合宝宝，此时更不宜吃，也不宜多吃"荤食"；腹泻严重时甚至需暂停肉蛋等动物类食物的添加。软烂的半流质食物，如烂米粥、烂面条、松软的发面小馒头、切片白面包等更利于宝宝的消化吸收。

当宝宝大便中水分开始明显减少，排便次数也减至每天3~4次甚至更少的时候，宝宝往往食欲较强且食量明显增加。这个时候，控制好饮食的平稳过渡对于顺利痊愈非常重要。急功近利地迅速恢复常规饮食，不仅会让宝宝因胃肠负担加重而出现病情反复，还易发展成为慢性腹泻。

逐渐增加动物类食物，宜从蛋黄开始（特别是容易食物过敏的小宝宝），逐渐增加瘦肉、蛋清、豆腐等含油脂少的蛋白质类食物，最后添加鱼虾。

逐渐增加食物的稠度和硬度，但仍需比平时软烂，且低脂低纤维。

还是要远离以下食物：油腻、高脂肪的固体食物和浓汤；难消化的肉类，如火腿、香肠、排骨等；含纤维丰富的粗粮（如莜麦、玉米等）以及蔬菜（如韭菜、芹菜、菠菜等）；生食的果蔬汁、浓果汁及蔗糖水等。

小贴士

无论是呕吐还是腹泻，宝宝的消化道黏膜都会存在不同程度的损伤，比如频繁呕吐后的胃黏膜和一天腹泻十余次的肠道黏膜。同时，消化液的分泌也会受影响，胃黏膜受损外加呕吐流失，会让胃液分泌不足、胃酸量不够，对食物的消化能力下降。综合这些，孩子的消化能力在腹泻期及腹泻恢复期都是较弱的，此时不可以急于恢复正常饮食——宝宝的消化道没有极速恢复的能力。

人体是一个非常精细的有机体，有自我调节和自我保护机制，以应对外界的威胁和伤害。尊重身体的信号是对身体最好的照顾和修复，无论是大人还是孩子。

宝宝几天没大便是攒肚吗

大便是宝宝健康的晴雨表，观察记录宝宝排便的情况几乎是爸爸妈妈每天的"必修课"，一旦发现宝宝大便不太规律（几天没排便），就会担心宝宝是不是便秘了……然而，不是只要几天不大便就都是便秘，排便间隔延长也有可能是宝宝在攒肚。

"攒肚"是个民间说法，事实上查遍医学专业书籍、各国指南和文献，我们都找不到一条针对这个词的中英文解释，甚至都没有对应的英文名称。所以，攒肚不是一种疾病，这是区别于便秘的首要的也是最重要的一点，不需要因此而就诊，更不需要化验、打针、吃药或是上开塞露、塞肥皂条。它只是宝宝在逐渐长大、大便次数由多到少的改变过程中出现的数天不排便的一种正常现象。

家长如何区分攒肚和便秘

首先，对于新生儿宝宝，如果出生后5天内都没有排便，一定要引起重视，应赶紧去看新生儿科医生。对于大一些的宝宝，如果出现了下面两种情况，也需要赶紧看儿科医生，而不是自己判断是便秘还是攒肚：宝宝出现越来越明显的严重的腹胀，小肚子胀得像充满气的气球，硬邦邦的，甚至发亮；宝宝突然出现难以安抚的哭闹，换人、换地方、换方法都没办法让他安静下来，尤其是一碰小肚子就哭闹得更剧烈。

排除上面几种情况后，我们再来区分攒肚和便秘。

攒肚：新生儿期一般不会出现，常常是从满月后、宝宝的作息和生物钟逐渐规律、消化功能逐步完善开始。当小肚子能够更加充分地吸收利用母乳后，会让剩余的食物残渣变少，不足以刺激直肠排便，从而导致排便规律发生改变。宝宝大便的次数会从 1 天 2~5 次变为 2~3 天 1 次，甚至 1 周或半个月 1 次。虽然没有大便，但宝宝的精神反应、奶量、睡眠、身长体重增长速度等都没有异常，且一旦排便，大便的形态也是正常的黄色稀糊状，不仅没有硬球，大便量也不像大人想象中那么多，所以宝宝并不会因此出现排便"费力"。总结起来，这只是一次"迟到"的正常大便。

便秘：宝宝持续没有大便超过 3 天（也就是持续 4 天或以上），且在排便时，大便又硬又小，宝宝排便特别费力且疼痛（有时候还会因为大便太硬擦伤肠黏膜，甚至造成肛裂而让大便上带有血丝），我们才会认为宝宝出现了便秘。因此，便秘的宝宝必须有大便干结、排便困难的表现。便秘出现的时候，宝宝并不是没有便意，宝宝会想要尝试排便，但是由于大便比较干硬，会让他因为排便费劲而把小脸憋红，严重的时候还会因为疼痛而在排便时哭闹。宝宝的"不爽"还会体现在睡眠不稳、烦躁不安、奶量下降等方面，并且，左下腹的位置常常可以触摸到粪块。总结起来，这是一次让宝宝痛苦的"迟到"的不正常的排便。

什么情况下不排便是便秘

当宝宝超过 3 天还没排便，且同时又有上述表现，那就要考虑是便秘了。

宝宝为什么会便秘

一般情况下，纯母乳喂养的宝宝相对不容易出现便秘，母乳中的益生菌、低聚糖（也就是大家常说的益生元）和含量偏高的乳糖可以有效调整宝宝的肠道环境，帮助大便维持理想的酸度、松软度、含水量，进而可以顺畅排出。所以，母乳喂养的宝宝往往每天的大便次数可能不止一两次。

混合喂养或者完全配方奶喂养的宝宝，出现便秘的机会相对多于纯母乳喂养的宝宝，常见的非疾病原因包括以下两个方面。

喂养因素：配方奶中蛋白质和钙含量过高，缺少可以"喂养"肠道益生菌的低聚糖成分；喂奶量过多但水分补充不足；辅食添加期食物中膳食纤维含量不足或食物过于精细，辅食中蛋白质含量太高等。

环境因素：出游；换环境生活；排便的时候有过不好的经历；排便训练不及时或不科学（大宝宝）等。

宝宝便秘了该怎么办

母乳喂养的宝宝万一出现便秘，先调整妈妈的饮食，增加粗杂粮、干豆、各种蔬菜和薯类的摄入量，并多饮水，这样有助于增加母乳中低聚糖的含量，从而让宝宝获得更多"益生元"。

混合喂养及完全配方奶喂养的宝宝可以选择含有低聚糖、蛋白质/脂肪结构含量优化了的配方奶，低聚糖成分有助于促进宝宝肠道内双歧杆菌等益生菌的增殖，让大便松软，促进健康大便的按时排出。同时，还要观察宝宝的小便、口唇及皮肤，当小便的量变少且颜色变深、皮肤略干或出汗太多的时候，额外补充水分，也是健康排便的保障。

添加了辅食的宝宝，除了按期增加辅食的硬度和稠度，还要多喂一些膳食纤维和低聚糖含量多的食物，包括叶菜类、豆类（豌豆、大豆、绿豆等）、西蓝花、萝卜、粗杂粮（燕麦、糙米等）、薯类、水果等。另外，粮谷类在辅食中的比例不要太少。

在医生的指导下，酌情添加益生菌，给肠道微生物助力，促进排便。

少抱多动，适当地给宝宝进行按摩和抚触，对大宝宝做好如厕训练等。

小贴示

后面的文章中会对便秘相关内容有更详细的分析和讲解，本篇中给出的解决办法属于基础知识。

虽然蜂蜜能让一部分对果糖不耐受的宝宝排便通畅，果汁也有利于排便，但 1 周岁以内的宝宝是绝对不能喂蜂蜜和果汁的。

宝宝便秘除了受饮食因素的影响以外，运动量不够也会造成肠蠕动减慢，导致排便不畅。你可以常帮宝宝做婴儿体操；对于大一些的宝宝，可鼓励其自己练习翻身、爬行，或给宝宝一个球，和他一起玩。顺时针按摩宝宝腹部，按摩左下腹时如果触及条索状物，可以轻轻地由上而下按摩，促使大便排出。

一部分宝宝的便秘有可能是因食物过敏或疾病引起的，因此，当调整喂养和生活方式后便秘依旧反复频繁出现时，不要大意，请及时就医。

便秘，预防胜于治疗！肠道健康，营养才能有保障。

宝宝便秘了，饮食该如何调整 5

● 便秘的危害及类型

首先，需要明确一点：排便困难 ≠ 便秘。

门诊医生常听到妈妈的诉苦："我家宝宝便秘，两三天才大便一次……"其实，大多数宝宝只是大便干燥，而非便秘。只有在宝宝连续 3 天以上都没有大便，且排便时大便的含水量相当少、大便呈非常硬的干球状，且这种状况反反复复出现数周甚至数个月时，才能认定宝宝存在便秘的问题。

妈妈们需注意："便秘"是需要下诊断的，所以，但凡没有被诊断的排便困难，都够不上便秘的程度。不过，便秘对宝宝的影响绝非只是肚子胀、排便过程痛苦这么简单，长期便秘还会影响宝宝的生长发育和营养状况，甚至导致一些器质性的病变，比如下面这些。

让宝宝有较为明显的饱腹感或饱胀感，进而表现出食欲不佳、进食量减少、精神不佳、情绪烦躁、睡眠不安等。

便秘的宝宝无法正常排出体内代谢后的食物残渣，使得营养素的正常代谢和吸收都受影响，长期下去甚至可能引发某些结肠病变，为成人期结肠癌的发生埋下

隐患。

经常出现大便干燥，容易让宝宝因为排便过程中的不适感而畏惧排便，形成心理上对排便的恐惧或排斥，从而导致恶性循环：畏惧排便—排便延迟—大便干燥—便秘—畏惧排便。

严重的便秘或长期大便干燥还会引发肛裂，增加宝宝肛门或直肠因黏膜破溃而感染的可能性，甚至有可能进一步发展成为肛周脓肿、因排便后频繁擦拭而使创面不易愈合，进而转变为慢性溃疡、肛瘘等。另外，便秘还是引起肠绞痛的常见原因。

◇◇◇◇◇◇◇◇◇◇◇◇◇◇◇◇

爸爸妈妈们可能会很关心，到底是什么引起宝宝排便困难，甚至便秘的呢？我们将便秘分为三种类型加以说明。

痉挛性便秘。与大肠肠壁肌肉紧张过度有关，可由吸烟，滥用泻药，饮用浓茶、咖啡和酒，摄入粗糙食物过多，过多食用强刺激性的调味品等引起。当然，这里面与宝宝有可能相关的，只有泻药和粗糙食物。

迟缓性便秘（也称无张力性便秘）。是因为与排便相关的肌肉的收缩及蠕动能力减弱、排便动力欠缺导致的。肥胖，体弱，久病，营养不良，饮食中长期缺乏膳食纤维及维生素 B_1，进食量过少，饮水量不足，饮食中脂肪摄入量不足，活动量太少，没有良好的定时排便习惯，滥用泻药等都能引发这类便秘。

阻塞性便秘。因肠粘连、肿瘤或先天性疾病等阻塞肠道而引起。

据我们观察和统计，宝宝常见的大便干燥或便秘，很多是因为没有形成良好的排便规律或食物安排不当，造成大便在结肠中停留时间长，肠道吸收水分量增多，大便因此含水量减少而变得干燥。

●消除便秘的方法及案例

说了这么多，爸爸妈妈们更关心的其实是：怎么办？传言中的那些"小偏方"，比如蜂蜜、梨水、香油、酸奶、芹菜、柚子茶等，可以用吗？管用吗？

下面，我借用几个小案例，分门别类将我们生活中常见的情形和解决方法跟大家分析和分享。看过这些案例之后，你们对于那些流传的"小偏方"会有更加科学的认识：民间传说也罢，生活小窍门也罢，管用与否的关键在于"对症"，而非"流行"。也就是说，蜂蜜和芹菜并不一定适用于每个便秘的宝宝，如果方法不当，不仅不能通便，反而有可能加重宝宝的痛苦。这些案例大家可以对号入座，看看自己家宝宝的大便问题属于哪一种。

案例一

宝宝18个月大，平均2~3天排一次大便，姥姥担心宝宝会因消化不良而使排便困难加重，一直不敢给宝宝吃太硬太稠的食物。所以，宝宝从来没尝过米饭和炒菜，粥、烂面条、奶和水果是宝宝所有的食物种类。

案例分析：这个宝宝的排便问题与进食量不够有关，饭量虽然看似不少，但水分含量太大，缺少足够量的固体食物成分。消化后产生的食物残渣少，从而导致大便的便量不足，在一点点积累大便的量以达到足够排出量之前，大便在肠道内长时间存留，大便里所含的水分被结肠大量"回收"，在结肠内停留时间越长，最末端的大便越干，好不容易当大便量攒到足够产生便意了，却因为末端大便太干燥而出现了"排出困难"。

另外，长期饮食摄入不足，容易让宝宝营养摄入不均衡，肠道和腹部的肌肉群的张力会因营养差而降低，收缩能力减弱，进而加重便秘。

案例二

宝宝 3 岁了，爱吃鱼虾，不爱吃主食和蔬菜，爷爷奶奶觉得海鲜是高蛋白低脂肪的健康食物，主食少点儿也无所谓。小家伙每天的大便都是干燥的小粪球，奶奶每天都给他喝蜂蜜水和梨水，但效果并不明显。

案例分析：大便干燥或松软与否，与饮食中食物的种类和食物成分关系密切。如果饮食里蛋白质的量超标，而米面类富含碳水化合物的食物不足，肠道内的菌群通过食物产生的发酵作用会减少；同时，高蛋白和高钙食物的过量摄入，会让大便中含有更多难以溶解的钙皂，导致大便量多且干燥，增加了便秘的概率。相反，较多的碳水化合物能增强肠道益生菌的发酵作用，产酸增多，从而帮助大便呈酸性、松软易排出。还有，存在于水果、蔬菜和粗粮外壳中的各种膳食纤维也是大便干燥的克星之一，可以有效帮助大便松软，促进肠蠕动，加速排便。这个宝宝的大便问题，就是因为摄入海鲜太多，主食和蔬菜太少，蜂蜜水和梨水虽说有一定作用，但力量微薄。

案例三

宝宝 1 岁半，每次排便都很痛苦，大便量虽然不少，却总是偏干。妈妈很注意给他保持"少油少盐、多蔬菜"的健康饮食，蔬菜大多用水煮，很少用油炒。妈妈的困惑是：都说膳食纤维可以通便，为什么吃了这么多蔬菜，宝宝的大便还是不通畅呢？

案例分析：将成人的饮食模式用在宝宝身上是不合适的。脂肪在婴幼儿膳食中的比例应高于成人，足量的脂肪是生长发育所必需的，并有助于刺激肠蠕动，促进排便。

案例四

宝宝刚刚开始上幼儿园，最近大便很不规律，2~3 天排 1 次，每次排便都很费力，且刚开始出来的大便总是又干又硬。每次让她去排便，她都很不情愿，看上去是越来越害怕"拉臭臭"了。

案例分析：上幼儿园后出现排便恐惧和排便困难是常见问题。诱发原因是环境的改变，打乱了正常的排便规律，或者在有便意时因贪玩、如厕环境不熟悉或缺乏安全感而刻意地抑制便意，造成排便时间拖延，从而逐渐出现便秘问题。

这个宝宝的情况就是个典型案例：刚上幼儿园的宝宝，绝对是"起床困难户"，往往在磨磨蹭蹭中耽误了上厕所的时间，只能等到去幼儿园解决。可是，对于刚刚接触集体生活的他们而言，幼儿园的如厕环境不仅是陌生而羞涩的，还很容易让他们缺乏安全感（敏感气质的孩子尤为如此），一部分孩子会畏惧在新环境中解决私密问题。这样下来的结果是：肠道的排便反射敏感度随着排便时间的延迟而降低，大便在结肠内堆积时间过长，肠道从大便中吸收的水分增加，大便含水量减少，松软度降低，变得干燥而不易排出。而干硬的大便在通过肛门时容易让宝宝有疼痛感，如果出现肛裂则痛感更严重。这样一来会形成恶性循环：便秘—宝宝畏惧排便—大便更加干燥且不规律—便秘更加严重。

建议有这种情况的宝宝的家长学会叫宝宝起床，及时弄醒小家伙，给她喝点儿温开水，无论有无大便都要让她试着蹲一蹲，以养成固定时间排便的好习惯。

案例五

宝宝 1 岁，是个偏胖的宝宝，不喜欢活动。排便难、大便干是妈妈最头疼的问题。

案例分析：现在的家庭中，几个大人围着一个宝宝，往往对这个小生命格外重视，喜欢将小宝宝天天抱在怀里，舍不得让宝宝自己爬、自己动，生怕累着、磕着、碰着。在大人怀里或在床上待着的时间过多，会让宝宝长期缺乏有效运动。要知道，身体各个部位的肌肉是非常协调统一的，如果四肢活动量减少，肠道肌肉的锻炼机会也会相应减少，综合起来，容易造成腹肌相对无力、肠蠕动频率变慢或强度减弱，再加上一些饮食因素（如喝水少、膳食纤维摄入不足等），排便困难便会顺理成章地出现。体重偏重的胖宝宝更不爱动，症状也会更明显。

建议家长督促和引导宝宝多活动。年龄大一些的宝宝最好多做一些跑跳投之类的有效运动，小婴儿则每天做一做放松操，多爬一爬、滚一滚，配合家长对宝宝腹部进行有效地按摩（右手四指并拢，在宝宝的脐周按顺时针方向轻轻推揉按摩，每次 10~15 分钟，晚上最好也做一次），可以帮助宝宝的肠道蠕动，改善便秘。

后 记

借这本书，我还想额外送给家长朋友们一些个人感悟。

人体，既不是机器也不是实验动物。对科学喂养的态度，既不能局限于教科书，也不能受困于经验。我们需要将爱与逻辑同步培养，并贯穿孩子的整个成长过程。

我看到太多的家庭执着地用远超过 37℃ 的滚烫的爱紧紧包裹孩子，只为让他们可以躲避和远离前一代甚至前两代人曾经受过的苦，或者享受长辈们未曾品味过的甜……这样美好的初心，却常常被现实的结局撞得头破血流。我们的心结，无需下一代来解，最好的爱，是牵着孩子的手，陪伴他们去体验与感悟属于他们的惊吓与惊喜——没有规矩，不成方圆，过度保护，难成英雄。唯有在安全的草场上自由驰骋，才有可能培养出宝马良驹。

你，而不是你的孩子，才是你此生最杰出的作品。当你可以正确认知评价自己，可以规范自己的生活和人生时，你身上的光芒也将照耀到你身边的每一个人，包括你的孩子。

愿你我与孩子一同成长，向着健康与美好前行。